Flash CS6

全视频微课版 标准教程

麓山文化◎编著

人民邮电出版社

北京

图书在版编目（CIP）数据

Flash CS6标准教程 ：全视频微课版 / 麓山文化编
著. -- 北京 ：人民邮电出版社，2020.7（2022.9重印）
ISBN 978-7-115-49963-9

Ⅰ. ①F… Ⅱ. ①麓… Ⅲ. ①动画制作软件—教材
Ⅳ. ①TP391.414

中国版本图书馆CIP数据核字(2020)第086319号

内 容 提 要

本书全面系统地介绍了 Flash CS6 的基本操作方法，包括 Flash CS6 的入门介绍、辅助工具的基本操作、基本绘图工具的运用、动画图形对象的编辑、动画图形的填充和描边、外部媒体素材的导入、文本对象的创建和编辑、图层和帧的创建、简单动画效果的制作、元件和库、AS 基础、动画的测试、优化、发布等内容。

本书内容以基础知识讲解和课堂范例为主线，先介绍基础知识，使读者熟悉软件功能，再讲解课堂范例的实际操作，让读者可以快速上手。综合训练可以帮助读者快速掌握 Flash 动画的制作方法，达到实战水平；课后习题可以拓展读者的实际应用能力，帮助读者掌握软件的使用技巧。

本书配备了课堂范例、综合训练、课后习题的素材文件、源文件和教学视频。为了方便教学，本书还配有 PPT 教学课件、教学大纲和教学参考规划。

本书适合作为院校和培训机构相关专业课程的教材，也可以作为 Flash 动画自学人员的参考用书。

◆ 编　著　麓山文化
　　责任编辑　张丹阳
　　责任印制　马振武

◆ 人民邮电出版社出版发行　　北京市丰台区成寿寺路 11 号
　　邮编　100164　　电子邮件　315@ptpress.com.cn
　　网址　https://www.ptpress.com.cn
　　北京七彩京通数码快印有限公司印刷

◆ 开本：800×1000　1/16
　　印张：17.5　　　　　　　　　2020 年 7 月第 1 版
　　字数：491 千字　　　　　　　2022 年 9 月北京第 8 次印刷

定价：49.00 元

读者服务热线：(010)81055410　印装质量热线：(010)81055316
反盗版热线：(010)81055315
广告经营许可证：京东市监广登字20170147 号

前言
Foreword

关于 Flash CS6

在计算机技术普及并迅速发展的今天，Flash 强大的动画编辑功能使设计者可以自由地设计出高品质的动画，越来越多的人把 Flash 作为设计网页动画的首选工具，这与 Flash CS6 中的优点是密不可分的。Flash 使用矢量图形和流式播放技术，非常灵巧，已经成为重要的 Web 动画设计软件之一。

本书内容

全书共 12 章，主要通过大量实例讲解 Flash CS6 中的各种工具、知识及技术，让读者认识并熟练掌握 Flash CS6 在动画设计与制作过程中的应用。各章主要内容如下。

章节安排	课程内容
第 1 章　Flash CS6 新手入门	主要通过学习 Flash 的基础知识，为后面的动画制作打下基础。
第 2 章　Flash CS6 辅助工具的基本操作	主要介绍如何掌握 Flash CS6 的辅助工具，让读者更加轻松、舒适地学习 Flash CS6。
第 3 章　Flash CS6 基本绘图工具的运用	主要介绍如何绘制基本图形。读者通过使用不同的绘图工具，并配合多种编辑命令或编辑工具，可以制作出精美的矢量图形。
第 4 章　动画图形对象的编辑	主要介绍图形对象简单的操作方法，包括预览、选择、管理及合并图形对象等。
第 5 章　动画图形的填充和描边	主要介绍如何使用填充与描边按钮、"颜色"面板及"样本"面板对动画图形进行填充与描边。
第 6 章　外部媒体素材的导入	主要介绍导入矢量图形和位图图像、应用音频文件和视频文件的方法。
第 7 章　文本对象的创建与编辑	主要介绍创建和编辑文本对象的方法，以及制作丰富多彩的文字特效的方法。
第 8 章　图层、帧和补间	主要介绍图层及图层中的帧、补间，以及如何创建补间使制作动画的效率更高，步骤更简洁。
第 9 章　简单动画效果的制作	主要介绍制作逐帧动画、渐变动画、引导动画、遮罩动画及骨骼动画的操作方法。
第 10 章　元件和库	主要讲解元件和库的相关知识。
第 11 章　AS 基础	主要介绍 ActionScript 3.0 的知识，让读者了解 ActionScript 3.0 脚本语言。
第 12 章　动画的测试、优化和发布	主要介绍动画的测试与发布，通过发布制作的动画，完成整个动画制作的流程。

本书特色

为使读者可以轻松自学并深入了解 Flash CS6 软件的各项功能，本书结构丰富详细、结构简单明了，如下图所示。

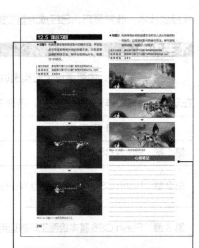

提示：针对软件中的难点及设计操作过程中的技巧进行说明补充。

练习：所有案例均来自商业动画设计工作中的片段，同时附带教学视频供读者学习。

重要命令介绍：对菜单栏、选项版、卷展栏等各种命令模块中的选项含义进行解释说明。

课后习题：安排若干与对应章节命令有关的习题，让读者在学完章节内容后继续强化所学技术。

心得笔记：让读者针对本章的重点内容进行总结。

本书作者

本书由麓山文化编著，参加编写与资料整理的有陈志民、李思蕾、江涛、江凡、张洁、马梅桂、戴京京、骆天、胡丹、陈运炳、申玉秀、李红萍、李红艺、李红术、陈云香、陈文香、陈军云、彭斌全、林小群、刘清平、钟睦、刘里锋、朱海涛、廖博、喻文明、易盛、陈晶、张绍华、黄柯、何凯、黄华、陈文轶、杨少波、杨芳、刘有良、刘珊、赵祖欣、毛琼健、宋瑾等。

由于作者水平有限，书中难免会有疏漏之处。感谢您选择本书，也欢迎您对本书提出宝贵意见和建议。

麓山文化

2020 年 6 月

资源与支持
Resources and support

本书由"数艺设"出品，"数艺设"社区平台（www.shuyishe.com）为您提供后续服务。

配套资源

本书配备课堂范例、综合训练、课后习题的素材文件、源文件和教学视频。

教师专享资源

PPT教学课件、教学大纲和教学规划参考。

资源获取请扫码

"数艺设"社区平台，为艺术设计从业者提供专业的教育产品。

与我们联系

我们的联系邮箱是 szys@ptpress.com.cn。如果您对本书有任何疑问或建议，请您发邮件给我们，并请在邮件标题中注明本书书名及ISBN，以便我们更高效地做出反馈。

如果您有兴趣出版图书、录制教学课程，或者参与技术审校等工作，可以发邮件给我们；有意出版图书的作者也可以到"数艺设"社区平台在线投稿（直接访问 www.shuyishe.com 即可）。如果学校、培训机构或企业想批量购买本书或"数艺设"出版的其他图书，也可以发邮件联系我们。

如果您在网上发现针对"数艺设"出品图书的各种形式的盗版行为，包括对图书全部或部分内容的非授权传播，请您将怀疑有侵权行为的链接通过邮件发给我们。您的这一举动是对作者权益的保护，也是我们持续为您提供有价值的内容的动力之源。

关于"数艺设"

人民邮电出版社有限公司旗下品牌"数艺设"，专注于专业艺术设计类图书出版，为艺术设计从业者提供专业的图书、U书、课程等教育产品。出版领域涉及平面、三维、影视、摄影与后期等数字艺术门类，字体设计、品牌设计、色彩设计等设计理论与应用门类，UI设计、电商设计、新媒体设计、游戏设计、交互设计、原型设计等互联网设计门类，环艺设计手绘、插画设计手绘、工业设计手绘等设计手绘门类。更多服务请访问"数艺设"社区平台www.shuyishe.com。我们将提供及时、准确、专业的学习服务。

目录
Contents

第3章 Flash CS6基本绘图工具的运用

 本章视频时长：92分钟

第4章 动画图形对象的编辑

 本章视频时长：156分钟

第 5 章 动画图形的填充和描边

🎬 **本章视频时长：80分钟**

第 6 章 外部媒体素材的导入

🎬 **本章视频时长：97分钟**

第 7 章 文本对象的创建与编辑

🎬 **本章视频时长：109分钟**

第 8 章 图层、帧和补间

🎬 **本章视频时长：156分钟**

第 9 章 简单动画效果的制作

本章视频时长：68分钟

第 10 章 元件和库

本章视频时长：110分钟

第11章 AS基础

本章视频时长：117分钟

第12章 动画的测试、优化和发布

本章视频时长：45分钟

本章视频时长
3分钟

第1章

Flash CS6新手入门

Flash 是一款优秀的动画软件，利用它可以制作与传统动画相同的帧动画。从工作方法和制作流程来看，传统动画的制作方法较繁杂，而 Flash 的动画制作简化了许多制作流程，能够为创作者节约更多的时间。所以，Flash 动画的创作方式非常适合个人及动漫爱好者。本章向读者介绍有关 Flash 的一些基础知识，为后面学习 Flash 动画制作做准备。

本章学习目标

- 了解 Flash CS6 动画配色基础
- 熟悉 Flash CS6 的安装、启动与退出

本章重点内容

- 熟悉文档的基本操作
- 掌握文档的撤销、重做和重复操作

扫 码 看 课 件　　扫 码 看 视 频

1.1 Flash CS6发展概述

在学习 Flash CS6 之前，首先了解一下 Flash 的发展历史、优势、特点及应用领域。

1.1.1 了解 Flash CS6 的历史

Macromedia 公司成立于 1992 年，它在 1998 年收购了一家开发制作 Director 网络发布插件 Future Splash 的小公司，并继续发展了 Future Splash，即现在正在流行的 Flash 系列。

- 1996 年，微软网络（The Microsoft Network, MSN）使用 Future Wave 公司的 Future Splash 软件设计了一个接口，以全屏幕广告动画来仿真电影，在当时连 JPG 与 GIF 图片都很少使用的时代，这是一项创举。微软的介入让业界对 Future Splash 软件投以高度的关注，在微软采用了 Future Splash 软件作为该公司网站的开发工具后，Future Wave 公司顿时成为热门的并购对象。后来 Macromedia 公司收购了该软件，并将其改名为 Flash。
- 1999 年 6 月，Macromedia 公司推出了 Flash 4.0，同时也推出了 Flash 4.0 播放器。这一举动在现在看来，不仅给 Flash 带来了无限广阔的发展前景，而且使 Flash 成为真正意义上的交互式多媒体软件。
- 2000 年 8 月，Macromedia 公司推出了 Flash 5.0，在原有的菜单命令的基础上，采用 JavaScript 脚本语法的规范，发展出第一代 Flash 专用交互语言，并命名为 ActionScript1.0。这是 Flash 的一项重大变革，因为在此之前，Flash 只可被称为流媒体软件，而当大量的交互语言出现后，Flash 才成为交互式多媒体软件，这项重大的变革对 Flash 后来发展的意义是相当深远的。在 Flash 5.0 发布时，Macromedia 公司将 Flash 的发展与 Dreamweaver 和 Fireworks 整合在一起，它们也由此被称为"网页三剑客"。
- 2002 年 3 月，Macromedia 公司推出了 Flash MX（Flash 6.0），新增加了 Freehand 10 和 ColdFusionMX。FreeHand 是矢量绘图软件，可以看作是用来弥补 Flash 在绘画方面的不足；而 ColdFusion MX 则是多媒体后台，Macromedia 公司用它来补充 Flash 在后台方面的缺陷。因此，Flash MX 被称为 MX Studio 系列中的主打产品。
- 2003 年 8 月，Macromedia 公司推出了 Flash MX 2004。从 Flash MX 开始，Flash 就陆续集成了动态图像、动态音乐和动态流媒体等技术，并且为 Flash 添加了组件、项目管理

及预建数据库等功能，使 Flash 功能更加完善。另一方面，Macromedia 公司对 Flash 的 ActionScript 脚本语言也进行了重新整合，摆脱了 JavaScript 脚本语法，采用更为专业的 Java 语言规范，发布了 ActionScript 2.0，使 Action 成了一个面向对象的多媒体编程语言。

- 2005 年 10 月，Macromedia 公司又推出了 Flash 8.0，扩展了 SWF 文件演示的舞台区域，并加强了渐变色、位图平滑、混合模式、效果滤镜以及发布界面等各方面的功能。
- 2005 年 12 月，Adobe 公司在完成了对 Macromedia 的收购之后，又推出了新的版本——Flash CS3。与以前的版本相比，此版本具有更强大的功能和更大的灵活性。在当时，无论是创建动画、广告、短片或是整个 Flash 站点，Flash CS3 都是很好的选择。
- 2008 年 9 月，Adobe 公司推出了 Flash CS4。该版本一经推出，即被众多 Flash 专业制作人员和动画爱好者广泛应用。
- 2010 年 4 月，Adobe 公司推出了 Flash CS5，分为大师典藏版、设计高级版、设计标准版、网络高级版以及产品高级版五大版本，各版本均包含不同的组件，总共有 15 个独立程序和相关技术。
- 如今，Adobe 公司又推出了最新版本 Flash CS6，它强大的功能和交互性将再次引领动画潮流。

1.1.2 了解 Flash CS6 的优势

在动画领域中，Flash 只是众多产品中的一种。和其他同类型的产品相比，Flash 有着明显的优势。除了简单易学外，Flash 还有以下 6 个方面的优势。

- 在 Flash CS6 中，可以导入 Photoshop 中生成的 PSD 文件，被导入的文件不仅保留了源文件的结构，而且保留了 PSD 文件中的图层名称。
- 可以更完美地导入 Illustrator 中制作的 AI 矢量图形文件，并保留其所有特性，包括精确的颜色、形状、路径和样式等。
- 通过使用内置的滤镜效果（如阴影、模糊、高光、斜面、渐变斜面和颜色调整等），可以创造出更具吸引力的作品。
- 使用 Adobe Illustrator 中常用的钢笔工具，可以使用户在绘制图形时更加得心应手地控制图形元素。
- 使用功能强大的形状绘制工具处理矢量图形，能以自然、直观、轻松的方式弯曲、擦除、扭曲、斜切和组合矢量图形。
- 使用 Flash Player 中的高级视频 On2 VP6 编解码器，可以

在保持文件占用空间较小的同时，制作出可与当今最佳视频编解码器相媲美的视频。

1.1.3 了解 Flash CS6 的特点

作为一款二维动画制作软件，Flash CS6 继承了 Flash 早期版本的各种优点，并在此基础上进行了改进和优化，极大地完善了 Flash 的功能，并且其交互性和灵活性也得到了很大的提高。除此之外，Flash CS6 还提供了功能强大的动作脚本，并且增加了对组件的支持。Flash CS6 的特点主要集中在以下 7 个方面。

- **强大的交互功能**：Flash 动画与其他动画的最大区别就是具有交互性。所谓交互，就是指用户通过键盘、鼠标等输入工具，实现作品各个部分的自由跳转，从而控制动画的播放。Flash 的交互功能是通过用户的 ActionScript 脚本语言实现的。使用 ActionScript 不仅可以控制 Flash 中的对象，而且可以创建导航和交互元素，从而制作出优秀的动画作品。用户即使不懂编程知识，也可以利用 Flash 提供的复选框、下拉菜单和滚动条等交互组件实现交互操作。
- **矢量动画**：Flash 的图形系统是基于矢量的，因此在制作动画时，只需要存储少量数据就可以描述一个看起来相当复杂的对象。这样，其占用的存储空间同位图相比具有更明显的优势。使用矢量图形的另一个好处在于不管将其放大多少倍，图像都不会失真，而且动画文件非常小，便于传播。
- **友好的用户界面**：Flash CS6 的功能非常强大，它合理的布局、友好的用户界面，使初学者可以在很短的时间内制作出漂亮的作品。同时，软件附带了帮助文件和教程，并附有详细的说明供用户研究学习。
- **可重复使用的元件**：对于经常使用的图形或动画片段，可以在 Flash CS6 中定义成元件，即使频繁使用，也不会使动画文件增大。Flash CS6 提供了大量的组件，供用户充分使用及共享文件。Flash CS6 还可以使用"复制和粘贴动画"功能复制补间动画，并将帧、补间和元件信息应用到其他对象上。
- **图像质量高**：矢量图无论放大多少倍都不会产生失真现象，因此，Flash CS6 的图像不仅可以始终完整显示，而且质量不会降低。
- **流式播放技术**：在 Flash 中采用流式播放技术观看动画时，无须等到动画文件全部下载到本地后再观看，在动画下载传输过程中即可播放。这样大大缩短了浏览器等待的

时间，所以，Flash 动画非常适合网络传输。
- **文档格式的多样化**：在 Flash CS6 中，可以导入多种类型的文件，包括图形、图像、音乐和视频文件，使动画在制作过程中能够灵活地适应不同的领域。

1.1.4 了解 Flash CS6 的应用领域

随着互联网和 Flash 的发展，Flash 动画的运用越来越广泛。目前，已经有数不清的 Flash 动画主要运用在网络世界中。

说起动漫，很多人会想到卡通、漫画书。近年来，Flash 动画技术的迅速发展使得动漫的应用领域日益扩大，如网络广告、3D 高级动画片制作、建筑及环境模拟、手机游戏制作、工业设计、卡通造型美术、音乐领域等，下面分别介绍 Flash 动画在各领域的应用。

游戏领域

Flash 强大的交互功能搭配其优良的动画制作能力，使得它能够在游戏领域中占有一席之地。Flash 游戏可以实现任何内容丰富的动画效果，还能节省很多空间，如图 1-1 和图 1-2 所示。

图1-1　Flash游戏1

图1-2　Flash游戏2

网络广告

随着经济的不断发展，大众的物质生活水平得到提高，对娱乐服务的需求也持续增长。因此，在互联网上，由 Flash 动画引发的对动画娱乐产品的需求也将迅速膨胀。目前，越来越多的企业已经转向使用 Flash 动画技术制作网络广告，以便获得更好的效果，如图 1-3 和图 1-4 所示。

图1-3 Flash网络广告1

图1-4 Flash网络广告2

电视领域

目前，Flash 动画在电视领域的应用已经非常普及，不仅用于制作短片，而且用于电视系列片的生产，并成为一种新的形式。此外，一些动画电视台还专门开设了 Flash 动画的栏目，如图 1-5 和图 1-6 所示。

图1-5 Flash动画1

图1-6 Flash动画2

音乐领域

Flash MV 为唱片宣传提供了一条既保证质量又降低成本的有效途径，并且成功地把传统的唱片推广和扩展到网络经营的更大空间，如图 1-7 和图 1-8 所示。

图1-7 Flash唱片宣传1

图1-8　Flash唱片宣传2

电影领域

在传统的电影领域，Flash动画也越来越广泛地发挥作用，如图1-9和图1-10所示。

图1-9　Flash电影1

图1-10　Flash电影2

多媒体教学领域

随着多媒体教学的普及，Flash动画技术越来越广泛地被应用到课件制作上，使得课件功能更加完善，内容更加精彩，如图1-11和图1-12所示。

图1-11　Flash课件1

图1-12　Flash课件2

网页动画片头领域

随着动画行业的发展，越来越多的网络传媒片头设计开始向片头动画发展。Flash拥有强大的交互功能、简单的动画制作流程等特点，可以节省绘制时间，便于用户快捷、高效地制作出具有视觉冲击力的作品，如图1-13和图1-14所示。

图1-13　Flash网页动画片头1

图1-14　Flash网页动画片头2

网络贺卡领域

网络发展也给网络贺卡带来了商机，当今越来越多的人在亲人朋友重要的日子发送网络贺卡。传统的图片文字贺卡太过单调，这就使得具有丰富效果的Flash动画有了用武之地，如图1-15所示和图1-16所示。

图1-15　Flash贺卡1

图1-16　Flash贺卡2

1.2 了解Flash CS6的工作界面

启动 Flash CS6 后，将打开默认的工作界面。工作界面主要由标题栏、菜单栏、绘图区、工具栏、"时间轴"面板及浮动面板等部分组成，如图1-17 所示。

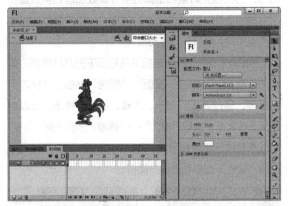

图1-17　Flash CS6工作界面

1.2.1 菜单栏

菜单栏是 Flash 提供命令的集合，几乎所有的可执行命令都可以在这里直接或间接地找到。菜单栏包括了"文件""编辑""插入""修改""文本""命令""控制""调试""窗口"及"帮助"11 个菜单，如图1-18 所示。单击各主菜单都会弹出相应的菜单列表，有些菜单列表中还包含了下一级的子菜单。

Fl　文件(F)　编辑(E)　视图(V)　插入(I)　修改(M)　文本(T)　命令(C)　控制(O)　调试(D)　窗口(W)　帮助(H)

图1-18　Flash菜单栏

1.2.2 工具栏

工具栏是读者在设计过程中最常用的区域。工具栏内包含了很多工具，能进行不同操作，所以熟悉各个工具的功能、特性是学习 Flash 的重点。

在 Flash CS6 中，工具栏主要由工具、查看、颜色和选项 4 个区域构成，用于进行矢量图形绘制和编辑的各种操作，如图1-19 所示。

图1-19　工具栏

工具区域

工具区域包含了用来绘图、上色和选择的工具，用户在制作动画的过程中，可以根据需要选择相应的工具。

- 选择工具：选择和移动舞台中对象，以改变对象的大小、位置或形状。
- 部分选取工具：对选择的对象进行移动、拖动和变形等处理。
- 任意变形工具：对图形进行缩放、扭曲和旋转变形等操作。
- 3D 旋转工具：对选择的影片剪辑进行 3D 旋转或变形。
- 套索工具：在舞台中选择不规则区域或多边形状。
- 钢笔工具：用来绘制更加精确、光滑的曲线，调整曲线的曲率等。
- 文本工具：用来在舞台中绘制文本框，输入文本。
- 线条工具：用来绘制各种长度和角度的直线段。
- 矩形工具：用来绘制矩形，同组的多角星形工具可以绘制多边形或星形。
- 铅笔工具：用来绘制比较柔和的曲线。
- 刷子工具：用来绘制任意形状的色块矢量图形。
- Deco 工具：可以根据现有元件来绘制多个相同图形。
- 骨骼工具：用来创建与人体骨骼原理相同的骨骼。
- 颜料桶工具：用来对绘制好的图形上色。
- 吸管工具：用来吸取颜色。
- 橡皮擦工具：用来擦除舞台中所创建的图像。

查看区域

查看区域包含了"手形工具"和"缩放工具"，当用户需要移动或者缩放应用程序窗口时，可以选取查看区域中的工具进行操作。

颜色区域

颜色区域用于设置工具的笔触颜色和填充颜色，颜色区域中各工具的作用如下。

- 笔触颜色工具：用来设置图形的轮廓和线条的颜色。
- 填充颜色工具：用来设置所绘制的闭合图形的填充颜色。
- 黑白工具：用来设置笔触颜色和填充颜色的默认颜色。
- 交换颜色工具：用来交换笔触颜色和填充颜色的颜色。

选项区域

选项区域包含当前所选工具的功能设置按钮，选择的工具不同，选项区域中相应的按钮也不同。选项区域的按钮主要影响工具的颜色和编辑操作。

1.2.3 绘图区

在 Flash CS6 中，绘图区也被称作舞台，它是用来放置图形内容的矩形区域，这些图形内容包括文本框、按钮、导入的位图图像、矢量图形或视频剪辑等，如图1-20 所示。

图1-20 绘图区

1.2.4 时间轴

在 Flash CS6 中，"时间轴"面板是编辑动画的基础，主要用来创建不同类型的动画效果和控制动画的播放，是处理帧和图层的工具，帧和图层是动画的组成部分。按照功能的不同，可将时间轴分为图层控制区和时间轴控制区两部分，如图 1-21 所示。

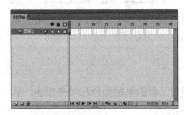

图1-21 "时间轴"面板

图层控制区

图层控制区位于"时间轴"面板的左侧，是进行图层操作的主要区域。

时间轴控制区

时间轴控制区主要位于"时间轴"面板的右侧，它由若干帧序列、信息栏及一些工具按钮组成，主要用于设置动画的运动效果。在"时间轴"面板底部的信息栏中显示了当前帧、帧速率及预计播放时间等信息。

1.2.5 浮动面板

在 Flash CS6 中，浮动面板由各种不同功能的面板组成，它将相关对象和工具的所有参数加以归类放置在不同的面板中。在制作动画的过程中，用户可以根据需要将相应的面板打开、移动或关闭。

Flash CS6 在默认情况下只显示下列几种面板，如"库"面板、"属性"面板、"颜色"面板、"样本"面板等，通过面板的显示、隐藏、组合、摆放，可以自定义工作界面。执行"窗口"→"隐藏/显示面板"命令，可以隐藏或显示所有面板。图 1-22 和图 1-23 所示为浮动的"属性"面板和"库"面板。

 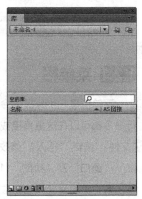

图1-22 "属性"面板　　图1-23 "库"面板

提示

> ActionScript 3.0调试器可以将Flash工作区域转换为调试所用面板的调试工作区，包括"动作"面板、"调试控制台"面板和"变量"面板。调试控制台用于显示调用的代码和片段，以及跟踪代码的工具。"变量"面板显示了当前范围内的变量和值。

1.3 熟悉文档的基本操作

要想更好地了解和学习 Flash CS6，首先应该熟悉 Flash CS6 的常用操作。

1.3.1 新建动画文档

在制作动画之前，必须新建一个 Flash 文档。下面介绍新建文档的操作方法。

练习 1-1 新建一个 Flash 文档

源文件路径	无
视频路径	视频/第1章/练习1-1新建一个Flash文档.mp4
难易程度	★

01 单击"文件"→"新建"命令，如图 1-24 所示。

02 执行操作后，弹出"新建"对话框，如图 1-25 所示。

图1-24 "新建"命令

图1-25 "新建"对话框

03 切换至"模板"选项卡，在其中选择相应的选项，如图 1-26 所示。

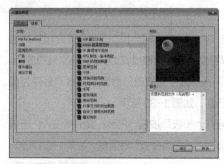

图1-26 "模板"选项卡

04 单击"确定"按钮，即可从模板中新建文档，如图 1-27 所示。

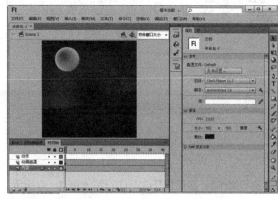

图1-27 新建文档

除了运用以上方法新建文档外，还可以通过以下 3 种方法新建文档。

- 按钮：单击"窗口"→"工具栏"→"主工具栏"命令，在弹出的"主工具栏"对话框中，单击"新建"按钮。
- 快捷键 1：按 Alt+N 快捷键。
- 快捷键 2：依次按 Alt、F、N 和 Enter 键。

1.3.2 打开动画文档

在编辑动画文件之前，必须先打开 Flash 动画文档。下面介绍打开文档的操作方法。

练习 1-2 打开一个 Flash 文档

源文件路径	素材/第1章/练习1-2打开一个Flash文档
视频路径	视频/第1章/练习1-2打开一个Flash文档.mp4
难易程度	★ ★

01 单击"文件"→"打开"命令，如图 1-28 所示。

02 弹出"打开"对话框，选择"城市场景.fla"文件，如图 1-29 所示，单击"打开"按钮。

图1-28 "打开"命令

图1-29　"打开"对话框

03 执行操作后，即可打开选择的文件，如图1-30所示。

图1-30　打开文件

　　除了运用以上方法可以打开文档外，还可以通过以下两种方法打开文档。

● 快捷键1：按 Alt+O 快捷键。
● 快捷键2：依次按 Alt、F、O 和 Enter 键。

1.3.3 保存动画文档

　　用户可以按当前名称和位置保存 Flash 文档，也可以另存文档。Flash 默认的保存格式为 fla。下面介绍保存文档的3种操作方法。

动画文档的保存

　　在 Flash CS6 中制作动画或对动画文档进行编辑时，为了避免意外关闭文档而导致信息丢失，需要对文档进行保存操作。

　　执行"文件"→"保存"命令，弹出"另存为"对话框，如图1-31所示。在该对话框中可以设置文件名、文件保存格式及保存路径。

图1-31　"另存为"对话框

　　单击"保存"按钮，即可以设置的形式保存文件。如果文件已经被保存过一次，执行该命令则会直接保存文件，不会再次弹出"另存为"对话框。或者直接按 Ctrl+S 快捷键，也可以保存当前文档。

另存为动画文档

　　如果用户需要将当前编辑的文档保存到其他位置或以另一个名称保存，则可以另存文档。执行"文件"→"另存为"命令，同样会弹出"另存为"对话框。该命令可以将同一个文件以不同的名称或格式存储在不同的位置。

　　或者直接按 Shift+Ctrl+S 快捷键，也可以将当前的文件另存。为了保证文件的安全并避免所编辑的内容丢失，用户在使用 Flash 制作动画的过程中，应该多另存几个文件，这样更加安全。

另存为模板

　　在 Flash 中，为了将文档中的格式直接应用到其他文档中，可以将文档另存为模板，以方便其他文档的应用。执行"文件"→"另存为模板"命令，弹出"另存为模板警告"对话框，如图1-32所示。

　　单击"另存为模板"按钮，Flash 会清除 SWF 历史记录数据并弹出"另存为模板"对话框，如图1-33所示。在该对话框中，可以对其名称、类别和描述进行相应设置，单击"保存"按钮，将其保存为模板，这样可以方便以后基于此模板创建新文档。

 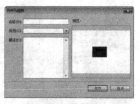

图1-32 "另存为模板警告"对话框 图1-33 "另存为模板"对话框

"另存为模板"对话框中各选项的含义说明如下。

- 名称：即所要另存为的模板名称。
- 类别：单击"类别"右侧的下三角按钮，在弹出的下拉列表中可以选择已经存在的模板类型，也可以直接输入模板类型。
- 描述：用来描述所要另存为的模板信息，以免和其他模板混淆。
- 预览：预览舞台中的素材文件。

提示

如果需要同时保存多个文档，只需要单击"文件"→"全部保存"命令，未保存过的新建文档会分别弹出"另存为"对话框，设置好文件名和保存路径，单击"保存"按钮，即可保存全部动画文档。

1.3.4 关闭动画文档

在制作完 Flash 动画之后，用户还可以通过 Flash 提供的不同方法关闭文档。

使用"关闭"命令关闭文档

若要关闭当前文档，可执行"文件"→"关闭"命令，如图 1-34 所示，或按 Ctrl+W 快捷键。还可以单击文档窗口上"关闭"按钮，如图 1-35 所示。

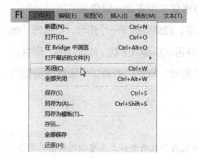

图1-34 "关闭"命令

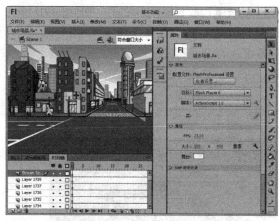

图1-35 单击"关闭"按钮

使用"全部关闭"命令关闭文档

若要关闭当前打开的所有文档，可执行"文件"→"全部关闭"命令，或按 Shift+Ctrl+W 快捷键，即可将其同时关闭。

提示

单击Flash软件窗口右上角的"关闭"按钮，可同时关闭软件和所有打开的文档。单击"关闭"按钮后，根据系统提示还可以对文档进行保存。

1.4 文档撤销、重做和重复操作

在 Flash 中如果对文件进行了错误操作，可以运用"撤销"命令，撤销对文档的修改。

1.4.1 文档撤销操作

练习 1-3 文档撤销操作

源文件路径	素材/第1章/练习1-3城市场景.fla
视频路径	视频/第1章/练习1-3文档撤销操作.mp4
难易程度	★ ★

在 Flash CS6 中制作动画时，如果用户不小心将图形删除，可以执行撤销操作，还原删除的图形。操作方法如下：

01 在 Flash 中，打开"城市场景 .fla"文件，如图 1-36 所示。

02 单击选择工具，选择舞台中的两个楼房图形为对象，如图1-37所示。

图1-36　打开文件

图1-37　选择图形对象

03 按Delete键，将其删除，如图1-38所示。
04 单击"编辑"→"撤销删除"命令，即可撤销上一步的操作，如图1-39所示。

图1-38　删除图形

图1-39　撤销操作

除了运用上述方法撤销操作外，还有以下两种方法。

● **快捷键**：按Ctrl+Z快捷键可撤销上一步操作。
● **"历史记录"面板**：单击"窗口"→"其他面板"→"历史记录"命令，弹出"历史记录"面板，若只撤销上一个步骤，将"历史记录"面板左侧的滑块在列表中向上拖拽一个步骤即可；若要撤销多个步骤，可拖拽滑块指向任意步骤，或在某个步骤左侧的滑块路径上单击鼠标左键，滑块会自动移至该步骤，并同时撤销其后面的所有步骤。

1.4.2　文档重做操作

在Flash中"重做"命令与"撤销"命令成对出现，只有在文档中使用了"撤销"命令后，才可以使用"重做"命令。"重做"命令用以将撤销的操作重新恢复。

例如，在舞台中绘制一个矩形，使用"撤销"命令将其删除，这时再执行"重做"命令，舞台中将恢复删除的矩形。

1.4.3　文档重复操作

要将某个步骤重复应用于同一对象或不同对象时，可使用"重复"命令。如果移动了一个形状，可执行"编辑"→"重复"命令再次移动该形状；或选择另一形状，执行"编辑"→"重复"命令，将第二个形状移动相同的幅度。

提示

重复操作对于连续绘制两个或两个以上具有相同属性的图形非常有用。

本章视频时长
72 分钟

第 2 章

Flash CS6辅助工具的基本操作

Flash CS6 是一款动画创作与应用程序开发于一身的创作软件，其功能非常强大，本章从基本操作开始，把握 Flash CS6 的辅助工具，让读者更加轻松、舒适地学习 Flash CS6。为了使 Flash 动画设计制作更加精确，Flash CS6 中提供了"标尺""网格""辅助线"等工具，这些工具具有很好的辅助作用，可以提高设计的质量和效率。

本章学习目标

■ 掌握标尺的应用
■ 掌握网格的应用
■ 掌握辅助线的应用

本章重点内容

■ 熟悉舞台显示比例的控制方法
■ 熟悉场景的基本操作

扫 码 看 课 件

扫 码 看 视 频

2.1 标尺的应用

标尺主要用于帮助用户对在工作区中的图形对象进行定位。默认情况下，系统不会显示标尺。当标尺显示时，则显示在文档的左沿和上沿。用户可以更改标尺的度量单位，将其默认的单位更改为其他单位。

使用标尺时还可以在舞台上显示元件的尺寸。当选中舞台中的某个元件时，在"垂直标尺"和"水平标尺"中会分别出现两条线，表示该元件的尺寸。因此，使用标尺，有助于快速创建图形的固定单位及大小形状。

2.1.1 标尺的显示

用户可以在制作动画时根据需要选择是否显示标尺。显示标尺的方法很简单，执行"视图"→"标尺"命令，即可显示标尺。图2-1和图2-2所示分别为显示标尺前后的对比效果。

图2-1 显示标尺前

图2-2 显示标尺后

执行"修改"→"文档"命令，在弹出的"文档属性"对话框的"标尺单位"列表框中，选择相应选项，可以修改文档的标尺度量单位。

2.1.2 标尺的隐藏

当显示标尺时，用户只需要再次执行"视图"→"标尺"命令，即可隐藏标尺。图2-3和图2-4所示分别为隐藏标尺前后的对比效果。

图2-3 隐藏标尺前

图2-4 隐藏标尺后

除了用上述方法隐藏标尺外，还可以按Ctrl+Alt+Shift+R快捷键来显示或隐藏标尺。

2.1.3 课堂范例——制作片头提示框小动画

源文件路径	素材/第2章/2.1.3课堂范例——制作片头提示框小动画
视频路径	视频/第2章/2.1.3课堂范例——制作片头提示框小动画.mp4
难易程度	★

01 启动 Flash CS6 软件，执行"文件"→"新建"命令，新建一个文档（宽550像素，高400像素），如图2-5所示。

02 执行"文件"→"打开"命令，打开"卡通鸡蛋.fla"素材，复制素材到舞台，如图2-6所示。

图2-5 "新建文档"对话框

图2-6 复制素材"卡通鸡蛋"

03 执行"视图"→"标尺"命令，显示标尺，单击选择工具，选择素材，调整素材的位置，如图2-7所示。

04 选中第6帧，按F6键插入关键帧。使用"任意变形工具"调整卡通鸡蛋的右手，如图2-8所示。选中第10帧，按F5键插入帧，如图2-9所示。

图2-7 显示标尺

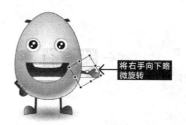

图2-8 调整图形

图2-9 插入帧

05 选中所有帧，单击鼠标右键，选择"复制帧"选项。再选中第11帧，单击鼠标右键，选择"粘贴帧"选项，复制第1~10帧的内容，如图2-10所示。选中第1~5帧，复制到第21帧。选中第30帧，按F5键插入帧，如图2-11所示。

06 单击"时间轴"面板中的"新建图层"按钮，新建"图层2"。选中第11帧，按F6键插入关键帧，使用"椭圆工具"在舞台中绘制一个椭圆，并旋转椭圆，如图2-12所示。

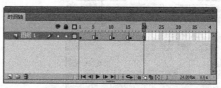

图2-10 复制帧

图2-11 插入帧

4.创建传统补间

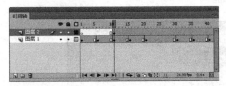

图2-12　绘制椭圆

图2-15　创建传统补间

07 按F8打开"转换为元件"对话框，如图2-13所示，将图形转换为元件。

08 选中第25帧，按F6键插入关键帧后，再插入一个关键帧，选中第11~24帧中的任意一帧。单击舞台中的椭圆图形，在"属性"面板中选择"色彩效果"选项，打开"样式"的下拉面板，选择并单击"Alpha"选项，设置"Alpha"值为0，如图2-14所示。

09 选中第11~24帧中的任意一帧，单击鼠标右键，选择"创建传统补间"选项，如图2-15所示。

10 分别选中"图层1"和"图层2"的第110帧，按F5键插入帧。新建"图层3"，选中第36帧，插入关键帧。在舞台中绘制一个椭圆，使用同样的方法制作传统补间动画，如图2-16所示。

11 新建"图层4"，选中第61帧，插入关键帧。再次使用同样的方法绘制椭圆，并制作补间动画，如图2-17所示。

12 新建"图层5"，选中第86帧，插入关键帧，使用"文本工具"在舞台中输入文本，如图2-18所示。

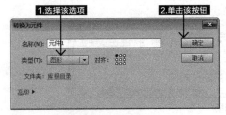

1.选择该选项　　　2.单击该按钮

图2-13　"转换为元件"对话框

图2-16　制作补间动画

3.设置Alpha参数

图2-14　"属性"面板

图2-17　制作补间动画

图2-18 输入文本

图2-20 测试动画效果（续）

13 将输入的文本转换为元件，制作相同的补间动画，如图 2-19 所示。

14 完成该动画的制作，按 Ctrl+Enter 快捷键测试动画效果，如图 2-20 所示。

图2-19 制作补间动画

2.2 网格的应用

网格是在文档的所有场景中显示的一系列水平和垂直的直线，其作用类似于标尺，主要用于定位舞台中的图形对象。使用网格操作，可以提高图形绘制的精确度。

2.2.1 网格的显示

在 Flash CS6 中，网格对于绘图也很重要。使用网格能够排齐对象，或绘制一些特定比例的图像。用户可以根据需要对网格的颜色、间距等参数进行设置。

执行"视图"→"网格"→"显示网格"命令，可以看到舞台中布满了网格线，如图 2-21 所示。

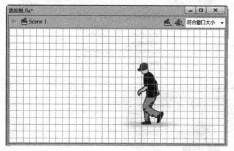

图2-21 显示网格

除了运用以上方法，还可以运用以下两种方法显示网格。

- 快捷菜单：在舞台中的灰色区域单击鼠标右键，在弹出的快捷菜单中，选择"网格"→"显示网格"选项，即可显示网格。
- 快捷键：按 Ctrl+' 快捷键显示网格。

图2-20 测试动画效果

27

2.2.2 网格的隐藏

当完成动画制作时，用户可以将网格隐藏，以方便观看舞台中的效果。再次执行"视图"→"网格"→"显示网格"命令，可以隐藏网格，如图2-22所示。

图2-22　隐藏网格

2.2.3 让图形贴紧网格

在Flash CS6中，如果用户希望绘制的图形更加准确化，此时可以让图形贴紧网格。

若要打开对象贴紧网格功能，可执行"视图"→"贴紧"→"贴紧至网格"命令，如图2-23所示。

图2-23　图形贴紧网格

在Flash CS6中，用户还可以按Ctrl+Shift+'快捷键来进行贴紧网格操作。

2.2.4 编辑网格的样式

在Flash CS6中，如果用户需要编辑网格的颜色或网格的间距，可以使用"编辑网格"命令进行设置。执行"视图"→"网格"→"编辑网格"命令，弹出"网格"对话框，如图2-24所示。通过设置该对话框内的选项，可以对网格进行编辑。

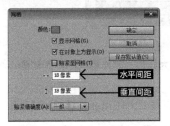

图2-24　"网格"对话框

● **颜色**：单击该按钮，可以在弹出的颜色面板中设置网格线的颜色。
● **显示网格**：若勾选此复选框，文档中将显示网格。
● **在对象上方显示**：若勾选此复选框，即可在创建的元件上方显示网格。默认情况下为取消状态。
● **贴紧至网格**：用于将场景中的元件紧贴网格。
● **水平间距 ↔**：用来设置网格填充中所用元件之间的水平距离，以像素为单位。
● **垂直间距 ↕**：用来设置网格填充中所用元件之间的垂直距离，以像素为单位。
● **贴紧精确度**：用来决定对象必须距离网格多近，才会发生的动作。此选项的下拉菜单中包括4种类型："必须接近""一般""可以远离""总是贴紧"。
● **保存默认值**：用来将当前设置保存为默认值。

2.2.5 课堂范例——制作新年贺卡动画

源文件路径	素材/第2章/2.2.5课堂范例——制作新年贺卡动画
视频路径	视频/第2章/2.2.5课堂范例——制作新年贺卡动画.mp4
难易程度	★★

01 启动Flash CS6软件，执行"文件"→"新建"命令，新建一个文档（宽440像素，高300像素），帧数为25fps，如图2-25所示。

02 单击"时间轴"面板中的"新建图层"按钮，新建"图层 1"。在"工具箱"中设置"填充颜色"为紫色。使用"矩形工具"在舞台上方绘制一个矩形，如图 2-26 所示。选中第 135 帧，按 F5 键插入帧。

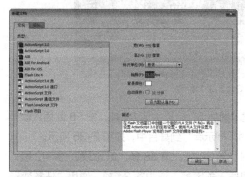

图2-25 "新建文档"对话框

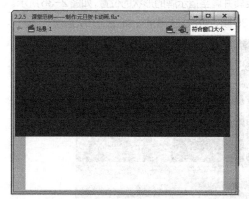

图2-26 绘制矩形

03 新建"图层 2"，选中第 10 帧，按 F6 键插入关键帧。执行"文件"→"导入"→"导入到舞台"命令，将素材"高楼剪影 .png"导入到舞台中，如图 2-27 所示。按 F8 键将图形转换为元件。

04 分别在第 12 篇、第 14 篇、第 16 篇、第 18 篇、第 20 篇帧插入关键帧，分别选择每个关键帧，移动楼房图形的位置并使用"任意变形工具"对图形进行变形，制作弹跳动画效果，如图 2-28 所示。选中第 135 帧，按 F5 键插入帧。

05 新建"图层 3"，选中第 26 帧，按 F6 键插入关键帧。执行"文件"→"导入"→"导入到舞台"命令，将素材"楼房 .png"导入到舞台中，如图 2-29 所示。

图2-27 导入素材"高楼剪影"

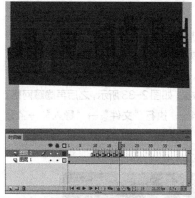

图2-28 制作弹跳动画

图2-29 导入素材"楼房"

06 执行"视图"→"网格"→"编辑网格"命令，设置网格参数，如图 2-30 所示。再执行"视图"→"网格"→"显示网格"命令，显示网格，并调整图形的位置，如图 2-31 所示。

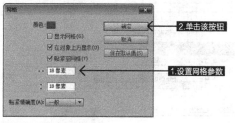

图2-30 设置网格参数

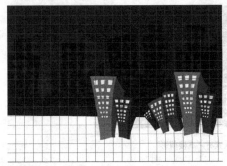

图2-31　显示网格

07 选中第 28 帧插入关键帧，使用"任意变形工具"调整图形的大小，如图 2-32 所示。同样在第 29 帧、第 30 帧、第 31 帧、第 32 帧插入关键帧，分别调整图形大小，制作动画效果，如图 2-33 所示，之后再隐藏网格。

08 新建"图层 4"，执行"文件"→"导入"→"导入到舞台"命令，将素材"地面 .png"导入到舞台中，如图 2-34 所示。

图2-32　调整图形大小

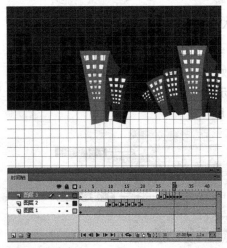

图2-33　制作动画

图2-34　导入素材"地面"

09 新建"图层 5"，选中第 34 帧，按 F6 键插入帧，导入素材"指示牌"到舞台中，如图 2-35 所示。

10 分别在第 36 帧、第 38 帧、第 40 帧、第 42 帧、第 44 帧插入关键帧，选中第 34 帧，使用"任意变形工具"旋转并调整指示牌的形状的位置，如图 2-36 所示。选中第 36 帧，再次旋转图形，如图 2-37 所示。

图2-35　导入素材"指示牌"

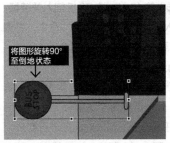

图2-36　旋转指示牌

图2-37　旋转图形

11 分别选中第 38 帧、第 40 帧、第 42 帧、第 44 帧，同样旋转图形，制作弹入指示牌的效果动画，如图 2-38 所示。

12 执行"文件"→"打开"命令，打开"小女生 .fla"素材。返回文档，新建多个图层，分别选择不同图层，将"小女生"素材复制到舞台，如图 2-39 所示。

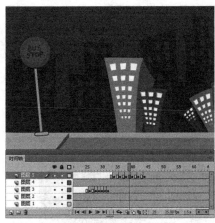

图2-38 完成弹入动画

图2-39 复制素材"小女孩"

13 分别在不同图层插入关键帧，并且创建补间动画，制作招手动作和眨眼动作，如图2-40所示。

14 新建"图层13"，选中第68帧，按F6键插入关键帧，使用"文本工具"在舞台中输入文本，如图2-41所示。

15 在第80帧、第82帧、第83帧插入关键帧，移动文本的位置，并且创建传统补间，制作文字弹入动画，如图2-42所示。

图2-40 制作招手动画

图2-41 输入文本

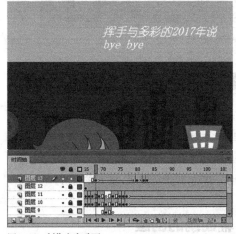

图2-42 制作文字动画

16 完成该动画的制作，按Ctrl+Enter快捷键测试动画效果，如图2-43所示。

图2-43 测试动画效果

31

图2-43 测试动画效果（续）

2.3 辅助线的应用

在 Flash CS6 中，在绘制图形时应用辅助线可以更好地掌握图形在舞台中的比例，使对象和图形都在舞台中的某一条横线或纵线上对齐。本节将介绍创建辅助线、隐藏辅助线、移动辅助线及贴紧辅助线的方法。

2.3.1 辅助线的创建

要启用辅助线，必须先显示标尺，显示标尺后，直接在垂直标尺或水平标尺上按住鼠标左键并将其拖拽到舞台上，即可完成"辅助线"的绘制，如图 2-44 所示。

图2-44 创建辅助线

2.3.2 辅助线的隐藏

当绘制完动画后，即可将辅助线隐藏，以便更好地

观察绘制的图形效果。执行"视图"→"辅助线"→"显示辅助线"命令，即可隐藏辅助线，如图 2-45 所示。

图2-45 隐藏辅助线

2.3.3 辅助线的移动

在 Flash CS6 中，用户可以通过移动辅助线查看舞台中的多个对象是否对齐，以便精确地排列各个对象。

将鼠标指针移至辅助线上，当鼠标指针的右下角显示为小三角形时，单击并向右拖动鼠标，至合适位置后释放鼠标，即可移动辅助线，如图 2-46 所示。

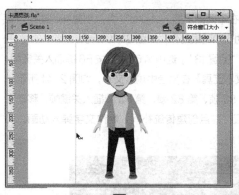

图2-46 移动辅助线

2.3.4 辅助线的贴紧

在 Flash CS6 中，执行"视图"→"贴紧"→"贴紧至辅助线"命令，即可贴紧辅助线，如图 2-47 所示。

2.3.5 辅助线的删除

在 Flash CS6 中，如果不需要某条辅助线，可将该辅助线删除。

将鼠标指针移至左边的垂直辅助线上，当鼠标指针的右下角显示为小三角形时，单击并同时向左拖动鼠标指针至垂直标尺上即可删除辅助线，如图 2-48 所示。

图2-47 贴紧辅助线

图2-48 删除辅助线

2.3.6 辅助线的颜色设置

在 Flash CS6 中，用户可以根据需要设置辅助线的颜色。执行"视图"→"辅助线"→"编辑辅助线"命令，在弹出的"辅助线"对话框中，可以修改辅助线的"颜色"

等参数，如图 2-49 所示。

图2-49 "辅助线"对话框

- 颜色：用来设置辅助线的填充颜色，默认的辅助线颜色为绿色。
- 显示辅助线：当选择该选项时，则显示辅助线；当取消该选项时，则隐藏辅助线。
- 贴紧至辅助线：当选择该选项时，可以使对象贴紧至辅助线；当取消该选项时，则关闭贴紧辅助线功能。
- 锁定辅助线：用来选择或取消"锁定辅助线"。在绘制对象时勾选该选项，辅助线便不可移动。
- 贴紧精确度：用来设置"对齐精确度"。可以从弹出的菜单中选择"必须接近""一般""可以远离"3 种类别。
- 全部清除：用来删除当前场景中的所有辅助线。
- 保存默认值：用来将当前设置保存为默认值。

2.3.7 课堂范例——制作卡通乐园动画

源文件路径	素材/第2章/2.3.7课堂范例——制作卡通乐园动画
视 频 路 径	视频/第2章/2.3.7课堂范例——制作卡通乐园动画.mp4
难 易 程 度	★★

01 启动 Flash CS6 软件，执行"文件"→"新建"命令，新建一个文档（宽 550 像素，高 400 像素），设置文档参数，将"背景颜色"更改为灰色，如图 2-50 所示。

02 使用"矩形工具"，设置"填充颜色"为绿色，在舞台中绘制一个矩形作为草地，如图 2-51 所示。

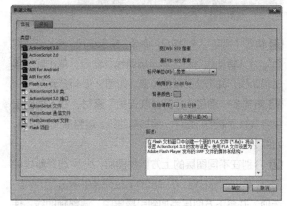

图2-50 "新建文档"对话框

图2-51　绘制矩形

03 按 F8 键，将矩形转换为元件，命名为"草地"，如图 2-52 所示。

04 新建"图层 2"和"图层 3"，执行"文件"→"打开"命令，打开"卡通建筑"素材。分别选择"图层 2"和"图层 3"，将素材先后复制到舞台中，如图 2-53 所示。将素材转换为元件，选中所有图层，按 F5 键，在第 200 帧 插入帧。

图2-52　"转换为元件"对话框

图2-53　复制素材"卡通建筑"

05 执行"视图"→"标尺"命令，显示标尺，再执行"视图"→"辅助线"→"显示辅助线"命令，单击鼠标移动辅助线，并调整图形的位置，如图 2-54 所示。

06 新建多个图层，打开"摩天轮"素材，在不同图层中将素材复制到舞台中，添加辅助线，调整摩天轮位置，如图 2-55 所示。

07 分别在不同图层的上方新建图层，分别选择新建的图层，单击鼠标右键，在弹出的下拉列表中单击"引导层"选项，并将下方图层添加到引导层中。调整辅助线，使

用"铅笔工具"绘制路径，如图 2-56 所示。

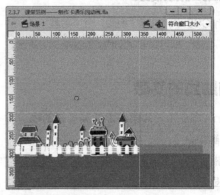

图2-54　创建辅助线

图2-55　添加辅助线

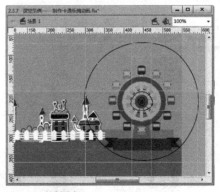

图2-56　绘制路径

08 删除所有辅助线，取消显示标尺。在添加到引导层的图层中按 F6 键插入关键帧，使用"任意变形工具"旋转图形，如图 2-57 所示，并创建传统补间，为摩天轮制作旋转动画。单击"时间轴"面板的眼睛图标，隐藏所有引导层，观看舞台中摩天轮旋转效果，如图 2-58 所示。

09 新建"图层 15"，执行"文件"→"导入"→"导

入到舞台"命令，将素材"热气球 .png"导入到舞台，并移动到舞台左上角，如图 2-59 所示。

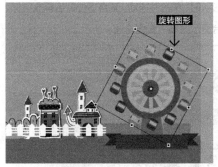

图2-57　旋转图形

图2-58　旋转效果

图2-59　导入素材"热气球"

10 选中第 199 帧，按 F6 键插入关键帧，将热气球移动到舞台右上角，如图 2-60 所示。

11 选中第 1~199 帧之间的任意一帧，单击鼠标右键，选择"创建传统补间"选项，制作补间动画，如图

2-61 所示。选中第 200 帧，插入关键帧，向右稍微移动热气球，如图 2-62 所示。

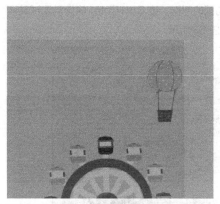

图2-60　移动热气球

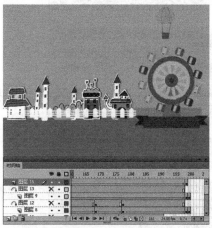

图2-61　创建传统补间

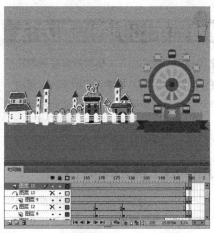

图2-62　移动热气球

12 最后执行"修改"→"文档"命令，更改舞台背景色为绿色。

13 完成该动画的制作，按 Ctrl+Enter 快捷键测试动画效果，如图 2-63 所示。

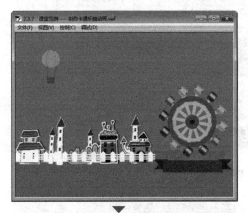

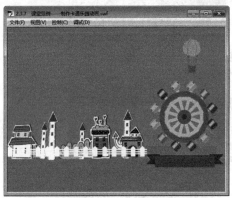

图2-63　测试动画效果

2.4　舞台显示比例的控制方法

舞台是指用户在创建 Flash 文档时放置图形内容的矩形区域，在运用 Flash CS6 绘制图形或编辑动画时，常需要对舞台中的图形对象进行缩放，以便对其进行修改和编辑。

2.4.1　使用手形工具移动舞台

在 Flash CS6 中，当场景被放大后，如果需要编辑的图形对象在舞台中无法全部查看时，就需要移动舞台中的显示区域。

移动舞台显示区域的方法很简单，只需将鼠标指针移至舞台中的任意位置，在键盘上按住空格键，当鼠标指针呈手形形状时，单击并拖动，至合适位置后释放鼠标，即可移动舞台显示区域，如图 2-64 所示。

图2-64　移动舞台显示区域

按住空格键可以临时激活手形工具，而忽略工具箱中当前选择的工具，释放空格键后系统将自动返回至按空格键前所选择的工具。除此之外，还可以选择工具箱中的手形工具或按 H 键，再将鼠标指针移至舞台上，单击并拖动，即可移动舞台显示。

2.4.2　使用缩放工具缩放舞台

在 Flash CS6 中，打开一个素材文件时，如果需要编辑的图形对象在舞台中显示太小或太大，用户则可以根据需要放大或缩小舞台中的素材文件。放大舞台显示比例的方法很简单，只需选择工具箱中的缩放工具，将鼠标指针移至舞台区，当鼠标指针呈加号的放大镜形状时，单击即可放大舞台显示比例，如图2-65所示。

图2-65　放大舞台显示比例

若要缩小舞台显示，则单击工具箱下方的"缩小"按钮，将鼠标指针移至舞台区，单击即可缩小舞台显示比例，如图2-66所示。

图2-66　缩小舞台显示比例

2.4.3　按比例缩放舞台

在 Flash CS6 中，如果需要编辑的图形对象在舞台中无法全部查看时，用户也可以将舞台中的显示区域缩小。缩小舞台显示比例的方法很简单，只需单击舞台区右上角的下三角按钮，在弹出的列表框中选择 50% 选项，操作完成后，即可缩小舞台显示比例，如图2-67所示。

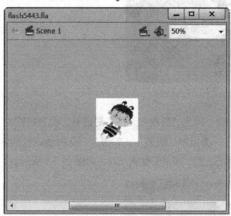

图2-67　缩小舞台显示比例

提示

双击工具箱中的"缩放工具"，可以100%显示文档比例。双击"手形工具"，则可以满屏显示文档比例。

2.4.4　课堂范例——制作灯泡闪烁动画

源文件路径	素材/第2章/2.4.4课堂范例——制作灯泡闪烁动画
视 频 路 径	视频/第2章/2.4.4课堂范例——制作灯泡闪烁动画.mp4
难易程度	★

01 启动 Flash CS6 软件，执行"文件"→"新建"命令，新建一个文档（宽 550 像素，高 400 像素），设置文档参数，将"背景颜色"更改为深灰色，如图 2-68 所示。

02 执行"文件"→"打开"命令，将素材"无色灯泡.fla"复制到舞台，放置舞台中心，如图 2-69 所示。

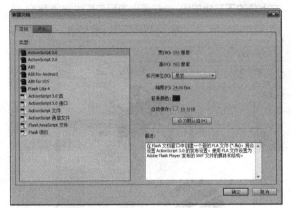

图2-68　"新建文档"对话框

图2-69　复制素材"无色灯泡"

03 按 F8 键，弹出"转换为元件"对话框，设置名称为"灯泡1"，类型为"图形"，如图 2-70 所示。

04 选中第 60 帧，按 F5 键插入帧，如图 2-71 所示。

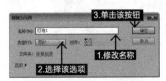

图2-70　"转换为元件"对话框

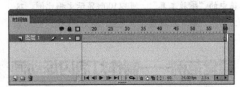

图2-71　插入帧

05 新建"图层 2"，执行"文件"→"打开"命令，将素材"橙色灯泡 .fla"复制到舞台，如图 2-72 所示。

06 单击舞台区域右上角的下三角按钮，选择"200%"选项放大舞台显示比例，以便更好地查看图形。同样移动橙色灯泡至舞台中心，与"无色灯泡"重合。将"橙色灯泡"转换为元件，命令为"灯泡 2"，如图 2-73 所示。

07 再将舞台显示比例放大到"400%"，查看重合效果，如图 2-74 所示。

图2-72　复制素材"橙色灯泡"

图2-73　移动橙色灯泡　　　　图2-74　查看重合效果

08 恢复到合适的舞台显示大小，单击"图层 2"，选中第 5 帧，按 F6 键插入关键帧，单击舞台中的图形，在"属性"面板中选择"色彩效果"选项，在"样式"下拉列表中选择"Alpha"，设置数值为 65%，如图 2-75 所示。在两个关键帧之间创建传统补间，如图 2-76 所示。

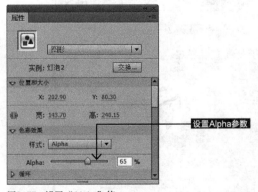

图2-75　设置"Alpha"值

图2-76 创建传统补间

09 选中第 7 帧，按 F6 键插入关键帧，单击舞台中的图形，在"属性"面板中设置"样式"为"无"。同样在两个关键帧之间创建传统补间，如图 2-77 所示。

图2-77 创建传统补间

10 选中第 9 帧，按 F6 键插入关键帧，设置"Alpha"值为 95%，如图 2-78 所示。在第 7~9 帧之间创建传统补间，如图 2-79 所示。

图2-78 设置"Alpha"值

图2-79 创建传统补间

11 使用同样的方法继续插入关键帧并创建传统补间，制作闪烁效果，如图 2-80 所示。

图2-80 制作闪烁效果

12 选中第 57 帧，按 F6 键插入关键帧，在"属性"面板中设置"样式"为"无"，效果如图 2-81 所示。

图2-81 插入关键帧

13 完成该动画的制作，按 Ctrl+Enter 快捷键测试动画效果，如图 2-82 所示。

图2-82 测试动画效果

2.5 综合训练——制作网页片头动画

源文件路径	素材/第2章/2.5综合训练——制作网页片头动画
视频路径	视频/第2章/2.5综合训练——制作网页片头动画.mp4
难易程度	★★★★

01 启动 Flash CS6 软件，执行"文件"→"新建"命令，新建一个文档（宽 766 像素，高 583 像素），设置文档参数，更改"背景颜色"，如图 2-83 所示。

02 执行"文件"→"导入"→"导入到舞台"命令，将素材"背景.png"导入到舞台中，如图 2-84 所示。

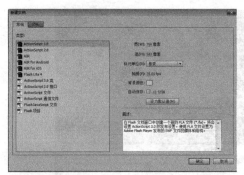

图2-83 "新建文档"对话框

图2-84 导入素材"背景"

03 选中第 401 帧，按 F5 键插入帧，如图 2-85 所示。

04 新建"图层 2"，选中第 61 帧，按 F6 键插入关键帧，再选中第 99 帧，按 F6 键插入关键帧。执行"文件"→"打开"命令，打开"街边景物素材.fla"文档，将电话亭建筑素材复制到舞台中，如图 2-86 所示。

05 单击舞台中的图形，按 F8 快捷键，弹出"转换为元件"对话框，在对话框中的"名称"选项中命名为"电话亭"，设置"类型"为"图形"，如图 2-87 所示。

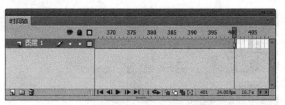

图2-85 插入帧

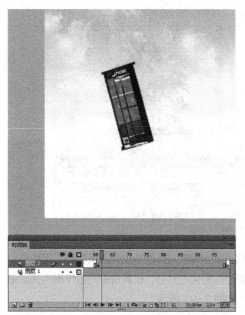

图2-86 导入素材

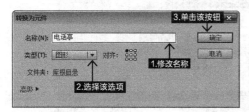

图2-87 "转换为元件"对话框

06 选中"图层 2"单击鼠标右键，在弹出的快捷菜单中单击"添加传统运动引导层"选项，为"图层 2"添加引导层，在第 97 帧插入帧，如图 2-88 所示。

07 单击引导层，使用"钢笔工具"在舞台中绘制路径，如图 2-89 所示，为电话亭建筑制作运动路径。

08 选中"图层 2"，在第 61.27 帧开始插入关键帧，选中不同关键帧，沿着路径移动图形，并创建传统补间，制作电话亭弹入动画，如图 2-90 所示。

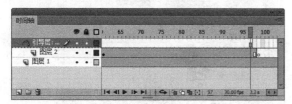

图2-88 添加引导层

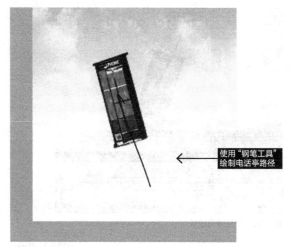

图2-89 绘制路径

使用"钢笔工具"绘制电话亭路径

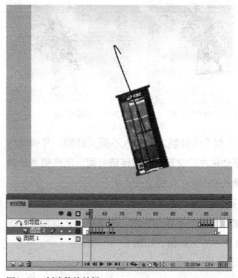

图2-90 创建传统补间

09 在第 68~98 帧插入关键帧，沿路径向下移动图形，并创建传统补间，制作弹出舞台动画，如图 2-91 所示。

10 执行"视图"→"网格"→"显示网格"命令，显示网格，以便更好地排列图形。分别选中第 117 帧、第 242 帧，按 F6 键插入关键帧。打开"街边景物素材.fla"文档，复制树木素材到舞台中，将素材转换为元件，命名为"树木"，放置舞台右下角，如图 2-92 所示。

11 分别选中第 117 帧、第 124 帧，按 F6 键插入关键帧。选中第 117 帧，移动树木图形至最底层，如图 2-93 所示。

41

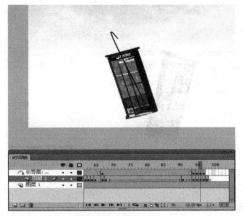

图2-91　制作弹出动画

图2-92　导入"树木"素材

图2-93　移动树木

12 继续在两个关键帧之间插入不同关键帧，并根据网格向上移动树木的位置，创建传统补间，制作树木从舞台底部弹入的动画，如图 2-94 所示。

13 选中第 235 帧、第 241 帧，分别插入关键帧。选中第 241 帧，再次向下移动树木，在关键帧之间创建传统补间，让树木弹出舞台，如图 2-95 所示。

图2-94　制作弹入动画

图2-95　制作弹出动画

14 在第 263 帧和第 293 帧分别插入关键帧，用同样的方法复制相同的树木素材，在舞台中间制作树木弹出弹入动画，如图 2-96 所示。

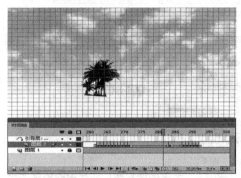

图2-96　插入关键帧

15 继续创建不同关键帧，用同样的操作方法制作不同位置的树木弹出弹入动画，如图 2-97 和图 2-98 所示。

16 新建"图层 3"，选中第 52 帧和第 108 帧，按 F6 键插入关键帧。打开"街边景物素材 .fla"文档，复制路灯素材到舞台中，并转换为元件，如图 2-99 所示。

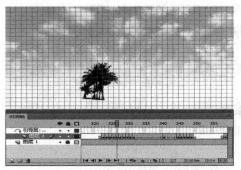

图2-97　制作树木动画

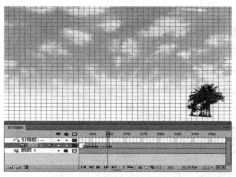

图2-98 制作树木动画

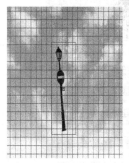

图2-99 "路灯"元件

17 在第 52 帧和第 108 帧之间陆续插入关键帧，创建传统补间，同样制作路灯弹入弹出动画，如图 2-100 所示。

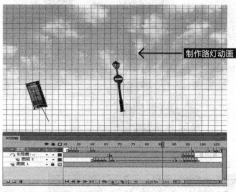

图2-100 制作路灯动画

18 选中第 120 帧，插入关键帧。将"图层 2"的所有树木弹入弹出动画选中，单击鼠标右键，选择"复制帧"选项，再选中"图层 3"中第 120 帧，单击鼠标右键，选择"粘贴帧"选项，复制树木动画。适当删除一些普通帧，使两图层树木动画不同步，如图 2-101 和图 2-102 所示。

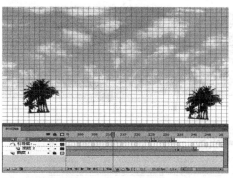

图2-101 复制帧

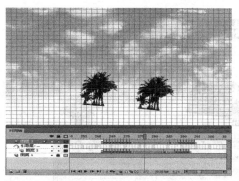

图2-102 复制帧

19 新建"图层 4"，选中第 68 帧和第 102 帧，分别插入关键帧。打开"街边景物素材 .fla"文档，复制小楼房建筑素材到舞台，并转换为元件，如图 2-103 所示。同样制作弹入弹出动画，如图 2-104 所示。

20 选中第 123 帧和第 216 帧，插入关键帧，再复制另一个建筑素材，制作弹出弹入动画，如图 2-105 所示。

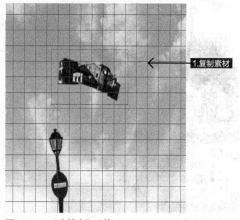

图2-103 "小楼房"元件

43

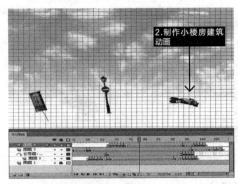

图2-104　制作小楼房动画

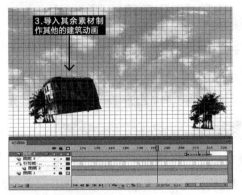

图2-105　添加素材

21 选中第271帧和第299帧,分别插入关键帧,将"库"面板中的"路灯"元件拖入舞台,同样制作弹入弹出动画,如图2-106所示。

图2-106　拖入"路灯"元件

22 选中第331帧和第356帧,插入关键帧,复制第271~298帧间的所有帧,与之前的树木弹入动画同步,如图2-107所示。继续复制之前的建筑动画,与树木弹入同步。

图2-107　复制帧

23 新建"图层5",插入不同关键帧,导入其他素材,用同样的操作方法制作不同物体的弹入弹出动画,使各种房屋和树木交错弹入,如图2-108和图2-109所示。

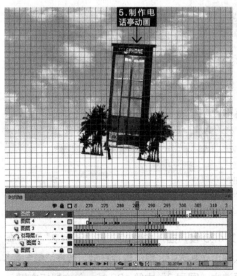

图2-108　添加素材效果

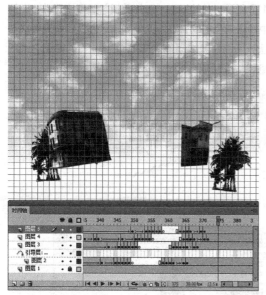

图2-109　添加素材效果

24 继续新建多个图层，导入其他素材，插入关键帧，并创建传统补间，制作多个弹入弹出动画，如图 2-110 和图 2-111 所示。

25 执行"视图"→"网格"→"显示网格"命令，取消网格显示。新建"图层 11"，选中第 43 帧，插入关键帧。使用"矩形工具"在舞台底部绘制一个白色矩形，转换为元件，如图 2-112 所示。

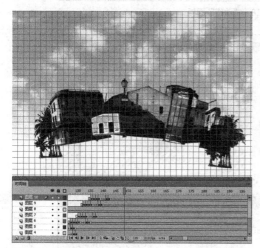

图2-110　插入关键帧

图2-111　插入关键帧

图2-112　绘制白色矩形

26 新建"图层 12"，选中第 3 帧，插入关键帧，使用"椭圆工具"在舞台中绘制一个棕色的圆，再使用"选择工具"，选中圆形的一部分，按 Delete 键删除，单击舞台中的半圆，按 F8 键转换为元件，如图 2-113 所示。

27 选中第 3 帧、第 4 帧、第 5 帧、第 11 帧、第 12 帧，分别插入关键帧，选择第 3 帧将棕色半圆向下移动，分别在其他关键帧移动舞台上的棕色半圆，并创建传统补间，如图 2-114 所示。

图2-113　绘制半圆

45

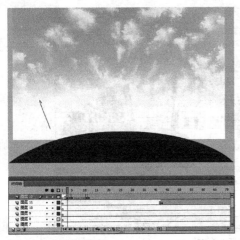

图2-114　创建传统补间

28 新建多个图层，在每个图层中绘制不同颜色的半圆，制作与棕色半圆所在图层相同的动画，弹入的时间相互错开，如图 2-115 所示，制作地面弹入动画，效果如图 2-116 所示。

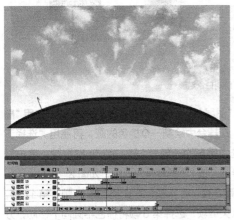

图2-115　添加半圆

图2-116　效果图

29 新建"图层17"，选中第35帧，插入关键帧，执行"文件"→"导入"→"导入到舞台"命令，将素材"白色条纹 .png"导入到舞台，移动至舞台底部，如图

2-117 所示，并转换为"影片剪辑"类型的元件。在舞台中双击白色条纹，进入元件编辑状态，制作元件移动动画补间，并添加动作代码"stop ();"，如图 2-118 和图 2-119 所示。

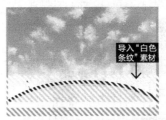

图2-117　导入素材"白色条纹"

图2-118　"动作"面板

图2-119　编辑元件

30 返回"场景1"，新建"图层18"，选中该图层，

单击鼠标右键，选择"遮罩层"选项，为"图层17"
创建遮罩层，如图 2-120 所示。

31 单击遮罩层，选中第 35 帧，插入关键帧，用同样的
方法绘制一个遮罩半圆，如图 2-121 所示。

32 新建"图层19"，在电话亭左侧输入文本，如图
2-122 所示。

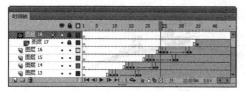

图2-120　创建遮罩层

图2-121　绘制遮罩半圆

图2-122　输入文本

33 继续新建图层，并创建关键帧，在电话亭右侧绘制
一个橙色圆形，将圆形转换为"影片剪辑"类型的元件，
双击舞台中的圆形，进入元件编辑状态，输入文本制作
按钮动作，如图 2-123 所示。

34 用同样的方法制作另一个按钮动作，如图 2-124 所示。

35 再次新建图层，继续制作按钮动作，如图 2-125 所示。

图2-123　制作按钮动作

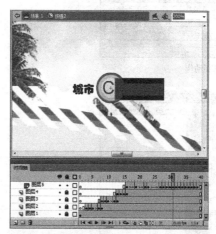

图2-124　制作按钮动作

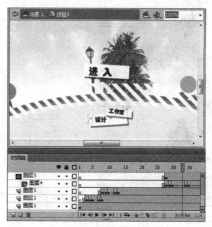

图2-125　制作按钮动作

36 继续在动画中制作按钮动作，如图 2-126 所示。

37 新建图层，并命名为"活动层"。选中"活动层"，打开"动作"面板，为动画添加代码"stop ();"，如图 2-127 所示。

38 完成该动画的制作，按 Ctrl+Enter 快捷键测试动画效果，如图 2-128 所示。

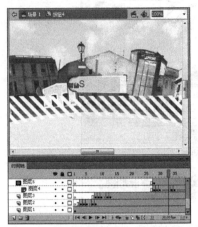

图2-126 制作按钮动作

图2-127 添加动作代码

图2-128 测试动画效果

图2-128 测试动画效果（续）

2.6 课后习题

◆**习题1:** 本章所学的网格的应用方法和舞台显示比例的控制方法，并结合椭圆工具和钢笔工具等绘画工具，制作瓢虫爬行动画，如图2-129所示。

源文件路径	素材/第2章/2.6习题1——制作瓢虫爬行动画
视 频 路 径	视频/第2章/2.6习题2——制作瓢虫爬行动画. mp4
难 易 程 度	★★

图2-129 习题1——制作瓢虫爬行动画

◆**习题2:** 利用创建补间形状的技巧和快速复制的操作方法，制作简单轮播广告，如图2-130所示。

源文件路径	素材/第2章/2.6习题2——制作简单轮播广告
视 频 路 径	视频/第2章/2.6习题2——制作简单轮播广告. mp4
难 易 程 度	★★★

图2-130 习题2——制作简单轮播广告

心得笔记

第 3 章

Flash CS6基本绘图工具的运用

Flash CS6 是基于矢量的网络动画编辑软件，它本身具有强大的矢量图形绘制和编辑功能，任何复杂的动画都是由基本的图形绘制而成的，绘制基本图形也是制作 Flash 动画的基础。用户通过使用不同的绘图工具，配合多种编辑命令或编辑工具，可以制作出精美的矢量图形。本章主要介绍运用基本绘图工具、辅助绘图工具、填充与描边工具及对图形对象进行变形的操作方法。

本章学习目标

- 了解辅助绘图工具的运用
- 熟悉填充与描边工具的使用方法

本章重点内容

- 熟悉基本绘图工具的运用
- 掌握对图像对象进行变形的方法

扫 码 看 课 件　　扫 码 看 视 频

3.1 熟悉基本绘图工具

在 Flash CS6 中，系统提供了一系列的矢量图形绘制工具，用户使用这些工具时，可以绘制出各种所需的矢量图形，并将其应用到动画制作中。本节主要介绍基本绘图工具的使用方法。

3.1.1 钢笔工具的运用

如果要绘制精确的路径，如直线或平滑、流畅的曲线，可以使用"钢笔工具" 。使用"钢笔工具"绘图时，单击，可以创建直线段上的点，拖动可以创建曲线段上的点。绘制完路径后，可以通过改变点的位置或方向线来调整直线段和曲线段。

绘制直线

使用"钢笔工具" 可以绘制的最简单路径就是直线。选择"钢笔工具"，在舞台上单击，可以创建两个锚点，如图 3-1 所示，继续在舞台上单击，可创建由转角点连接的直线段组成的路径，如图 3-2 所示。

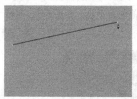 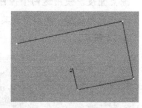

图3-1　创建两个锚点　　　图3-2　创建直线段路径

在绘制直线段的过程中，按住 Shift 键可将直线段的角度限制为 45° 的倍数。

绘制曲线

如果要绘制曲线，可使用"钢笔工具" 单击并拖动鼠标，拖出构成曲线的方向线，方向线的长度和倾斜度决定了曲线的形状，如图 3-3 所示。

图3-3　绘制曲线

使用尽可能少的锚点拖动曲线，会更容易编辑曲线，系统也可以更快速地显示和打印它们。锚点使用过多会容易在曲线中造成不必要的凸起。无论是绘制直线段还是曲线段，如果要闭合路径，单击第一个锚点即可，如图 3-4 所示；如果要保持为开放路径，可以按住 Ctrl 键单击舞台的空白处，如图 3-5 所示，还可以双击绘制的最后一个锚点或按 Esc 键退出绘制。

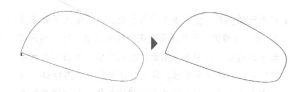

图3-4　闭合路径

图3-5　开放路径

3.1.2 矩形工具的运用

矩形工具属于几何形状绘制工具，用于绘制矩形和正方形。单击工具箱中的"矩形工具"后，在舞台中单击并拖拽光标，即可绘制一个矩形，如图 3-6 所示。

在绘制矩形之前，还可以通过"属性"面板对矩形的相应参数进行设置，如图 3-7 所示。

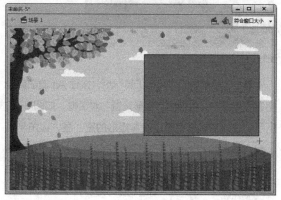

图3-6　绘制矩形

图3-7 "属性"面板

● 矩形选项：用于指定矩形的角半径。默认情况下数值为
0，可以创建的是直角矩形效果；输入正值，可以创建圆
角矩形效果，如图3-8所示；输入负值，可以创建反半
径效果，如图3-9所示。取消选择限制半角图标 🔗，可
以在每个文本框中单独输入内径的数值，分别调整每个
角的半径。

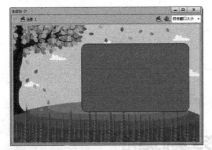

图3-8 创建圆角矩形

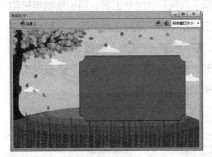

图3-9 反半径效果

单击工具箱中的"矩形工具"后，按住 Alt 键在舞台
空白位置单击，将弹出"矩形设置"对话框，如图3-10
所示。在该对话框中可以设置矩形的宽、高、边角半径
及是否从中心绘制。当宽和高的
数值一样时，可以按指定的宽和
高绘制正方形。

图3-10 "矩形设置"对话框

3.1.3 椭圆工具的运用

在 Flash CS6 中，椭圆工具和矩形工具一样，属于
几何形状绘制工具，用于绘制各种比例的椭圆和圆。单
击工具箱中的"椭圆工具"后，在舞台中单击并拖拽鼠
标指针，即可绘制一个椭圆，如图 3-11 所示。

在绘制椭圆之前，也可以通过"属性"面板对椭圆
的相应参数进行设置，如图 3-12 所示。

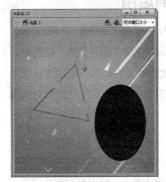

图3-11 绘制椭圆   图3-12 "属性"面板

● 开始角度 / 结束角度：用来设置椭圆的起始点角度和结
束点角度。使用这两个控件可以轻松地将椭圆和圆形的
形状变为扇形、半圆形及其他创意形状，如图 3-13 和图
3-14 所示。

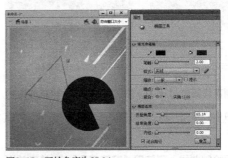

图3-13 开始角度为65.14

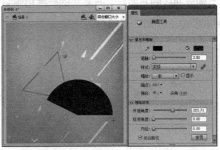

图3-14 开始角度为205.71

- 内径：用于调整椭圆的内径，可以在框中输入内径的数值，或拖动滑块调整内径的大小。可以输入介于0~99之间的值，以表示删除填充的百分比。图3-15所示为设置了不同内径绘制的图形效果。

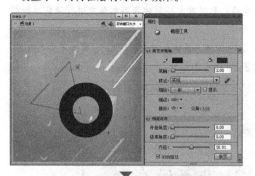

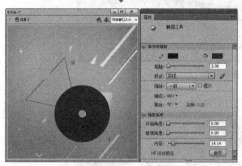

图3-15 绘制不同内径的圆

- 闭合路径：用来确定椭圆的路径是否闭合（如果指定了内径，则有多条路径）。如果指定了一条开放路径，但未对生成的形状应用任何填充，则仅绘制笔触，如图3-16所示。默认情况下一般选择闭合路径。

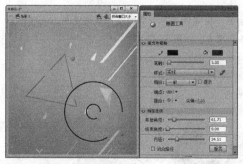

图3-16 绘制开放路径的圆

- 重置：单击该按钮，"椭圆选项"各参数将恢复到系统默认状态，可重新进行设置。

提示

"矩形工具"和"椭圆工具"使用方法有很多相似之处。在使用"矩形工具"绘制矩形时，拖动鼠标的同时按"↑"式"↓"方向键，可一边绘制矩形一边调整圆角半径。

3.1.4 铅笔工具的运用

若要绘制较随意的线条，可以使用"铅笔工具" ，该工具的绘画方式与现实中的铅笔大致相同。若要绘制平滑线条或伸直线条，可以选择铅笔工具的不同绘制模式。

单击工具箱中的"铅笔工具" ，在舞台中单击并拖拽光标即可绘制线条，鼠标指针运动的轨迹便是线条的轨迹。使用铅笔工具不但可以绘制出不封闭直线、竖线和曲线3种类型的线条，而且还可以绘制出各种规则和不规则的封闭图形。使用铅笔工具所绘制的曲线通常不够精确，但可以通过编辑曲线进行修整。

当选取工具箱中的铅笔工具后，单击工具箱底部的"铅笔模式"按钮 ，可以弹出绘图列表框，其中有3种绘图模式，各模式的主要含义如下：

- 伸直 ：主要进行对绘制的内容形状识别，如果绘制出近似的正方形、圆、直线或曲线，Flash将根据它的判断自动调整成相应规则的几何形状，如图3-17所示。

图3-17 "伸直"笔触模式

- 墨水 ：用来随意地绘制出各种线条，并且不会对笔触的大小进行任何修改，如图3-18所示。
- 平滑 ：可以对有锯齿的笔触进行平滑的处理，同时"属性"面板中的"平滑"选项也会被激活。该选项可以设置笔触的平滑度，如图3-19所示。

图3-18 "墨水"笔触模式

图3-19 "平滑"笔触模式

提示

使用"铅笔工具"绘制线条时按住Shift键，可将线条控制在水平或垂直方向。

3.1.5 刷子工具的运用

"刷子工具"与"铅笔工具"的用法非常相似，唯一的区别在于"铅笔工具"绘制的是笔触，而"刷子工具"绘制的是填充属性。使用"刷子工具"可以创建包括书法效果在内的多种特殊效果。在使用"刷子工具"绘制形状时，可以选择刷子的大小和形状，刷子的大小不会随舞台的缩放比率而发生变化。

单击工具箱中的"刷子工具" ✏️，在舞台中单击并拖

曳光标即可绘制形状。在工具箱的"选项"区域也会相应地出现该工具的各附加选项。单击"刷子模式"按钮 🔵，在弹出的选项列表中，可以选择一种模式进行绘制。

● 标准绘画：可以对同一层的线条和填充进行涂色，如图3-20所示。

● 颜料填充：对填充区域和空白区域涂色，同时不影响线条，如图3-21所示。

图3-20 标准绘画

图3-21 颜料填充

● 后面绘画：在舞台上同一层的空白区域涂色，同时不影响线条和填充，如图3-22所示。

图3-22 后面绘画

● 颜料选择：只能在选定区域内绘制图形，如图3-23所示。

● 内部绘画：对开始时"刷子笔触"所在的填充进行涂色，但不对线条涂色，也不能在线条外面涂色。如果在空白区域中开始涂色，该"填充"不会影响任何现有的填充区域，如图3-24所示。

图3-23　颜料选择

图3-24　内部绘画

单击"刷子大小" ▪ 按钮，在弹出的选项列表中，可以选择合适的大小进行绘制。单击"刷子形状" ● 按钮，可以选择刷子的形状。

3.1.6 多角星形工具的运用

多角星形工具用于绘制多边形和多角星形。使用该工具，用户可以根据需要绘制出不同边数和大小的多边形和多角星形。在默认情况下，该工具绘制出的图形是正五边形。

单击工具箱中的"多角星形工具" ◎，在舞台中单击并拖拽鼠标，即可绘制一个系统默认的正五边形，如图3-25所示。单击"属性"面板中的"选项"按钮，如图3-26所示，弹出"工具设置"对话框，如图3-27所示，在该对话框中可以设置多边形的边数及所绘制图形的样式。

图3-25　绘制正五边形

图3-26　"属性"面板　　图3-27　"工具设置"对话框

● 样式：用来设置所绘制图形的样式，在该选项的下拉列表中包括多边形和星形两个子选项，图3-28所示为绘制的星形。

图3-28　绘制星形

● 边数：用来设置所绘制图形的边数，该选项的数值设置范围为3~32，如图3-29和图3-30所示。

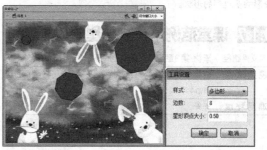

图3-29　边数为8

55

图3-30　边数为6

● 星形顶点大小：用来输入 0~1 之间的数字，以指定星形顶点的深度，如图 3-31 和图 3-32 所示。

图3-31　星形顶点大小为0.1

图3-32　星形顶点大小为1

提示

"星形顶点大小"的值越接近0，创建的顶点就越深（像针一样）。如果是绘制多边形，应保持设置的数值不变，才不会影响多边形的形状。

3.1.7 课堂范例——制作星星闪烁动画

源文件路径	素材/第3章/3.1.7课堂范例——制作星星闪烁动画
视频路径	视频/第3章/3.1.7课堂范例——制作星星闪烁动画.mp4
难易程度	★★

01 启动 Flash CS6 软件，执行"文件"→"新建"命令，新建一个文档（宽720 像素，高576 像素），如图 3-33 所示。

02 执行"文件"→"导入"→"导入到舞台"命令，将素材"夜空 .png"导入到舞台，如图 3-34 所示。

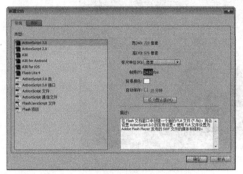

图3-33　"新建文档"对话框

图3-34　导入"夜空"素材

03 新建"图层 2"，继续导入素材"乌云 .png"。选中第 1 帧和第 3 帧，按 F6 键插入关键帧。选中第 3 帧，将"乌云"向左移动一点，在两个关键帧之间创建传统补间，如图 3-35 所示。

04 选中所有帧，单击鼠标右键，选择"复制帧"选项。选中第 4 帧，单击鼠标右键，选择"粘贴帧"选项，复制两次，如图 3-36 所示。

05 新建"图层 3"，导入素材"房屋 .png"，如图 3-37 所示。

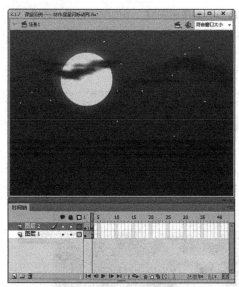

图3-35 创建传统补间

图3-36 复制帧

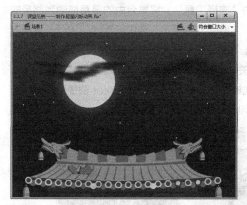

图3-37 导入素材"房屋"

06 新建"图层4",执行"插入"→"新建元件"命令,元件命名为"星星",类型为"影片剪辑",如图3-38所示。进入元件编辑模式,制作"星星"元件的闪烁动画。

07 使用"椭圆工具",设置"填充颜色"为白色到透明的径向渐变,并在舞台中绘制一个渐变的圆,如图3-39所示,将圆形转换为图形元件。

08 在第1~10帧之间插入关键帧,并调整圆形的大小,在关键帧之间创建传统补间,制作闪动效果,如图3-40所示。

图3-38 转换为元件

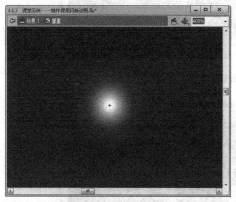

图3-39 绘制渐变正圆

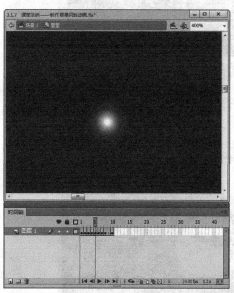

图3-40 创建传统补间

09 新建"图层2",继续使用"椭圆工具"在舞台中绘制椭圆,用椭圆制作一个星星,如图3-41所示。同样插入关键帧制作闪动动画,如图3-42所示。

10 返回"场景1",新建多个图层,复制星星闪动的所有帧，创建多个星星图形，使用"任意变形工具"调整星星的大小，如图 3-43 所示。

图3-41 绘制星星

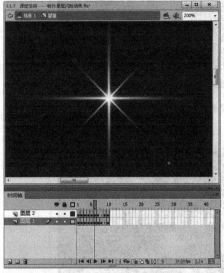

图3-42 制作闪动动画

图3-43 星空效果

11 选择最顶部的星星图层，单击鼠标右键，选择"添加传统运动引导层"选项，创建引导层，如图 3-44 所示。

12 选中"引导层"，使用钢笔工具在舞台中绘制一条路径，如图 3-45 所示。

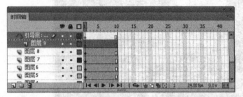

图3-44 创建引导层

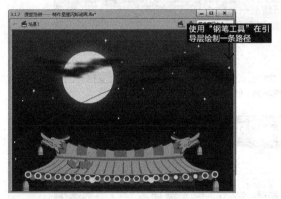

图3-45 绘制路径

13 单击"选择工具"，将舞台中的星星拖动到路径的最左端，如图 3-46 所示。选中第 51 帧，按 F6 键插入关键帧，将星星拖动到路径的最右端，如图 3-47 所示。在两个关键帧之间创建传统补间，如图 3-48 所示。

14 完成该动画的制作，按 Ctrl+Enter 快捷键测试动画效果，如图 3-49 所示。

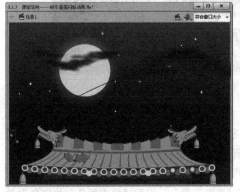

图3-46 移动星星至路径最左端

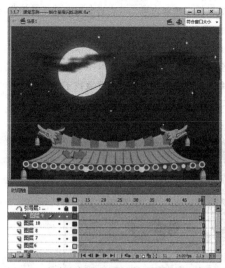

图3-47　移动星星至路径最右端

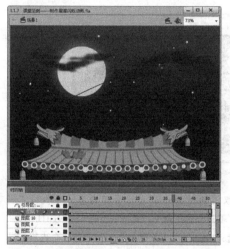

图3-48　创建传统补间

图3-49　测试动画效果

图3-49　测试动画效果（续）

3.2 熟悉辅助绘图工具

在 Flash CS6 中，用户可以根据需要运用辅助绘图工具对图形进行编辑。常用的辅助绘图工具有选择工具、部分选取工具、套索工具、缩放工具、手形工具和任意变形工具等，本节主要介绍这些工具的使用方法。

3.2.1 选择工具的运用

在 Flash CS6 中，使用选择工具可以选择任意对象，包括矢量图、元件和位图。选择对象后，还可以对对象进行移动、改变形状等操作。使用"选择工具"的方法很简单，用户只需单击工具箱中的"选择工具" ，将鼠标指针移至需要选择的图形上，单击即可选择图形。

使用"选择工具"除了可以选择某个对象之外，也可以拖动鼠标将包含在矩形选框内的对象全部选中。如果要选择不同的图形对象，可进行不同的操作。

- 如果要选择笔触、填充、组、实例或文本块，可单击对象，如图 3-50 所示。
- 如果要选择连接线，可双击其中的一条线段，如图 3-51 所示。

图3-50　单击对象

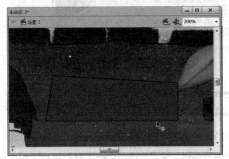

图3-51　选择连接线

- 如果要选择填充的形状及其笔触轮廓，可双击填充区域，如图 3-52 所示。
- 如果要选择矩形区域内的对象，可在要选择的一个或多个对象周围拖动出一个选取框，如图 3-53 所示。

图3-52　选择填充区域

图3-53　拖动出选取框

- 如果要向选取框中添加内容，可在进行附加选择时按住 Shift 键，如图 3-54 所示。
- 如果要选择场景中每一层上的全部内容，可执行"编辑"→"全选"命令或按快捷键 Ctrl+A 全选。需要注意的是，该命令不会选中被锁定、被隐藏或不在当前时间轴中的图层上的对象，如图 3-55 所示。

图3-54　添加内容

图3-55　选择全部内容

- 如果要取消选择每一层上的全部内容，可执行"编辑"→"取消全选"命令，或按快捷键 Ctrl+Shift+A。
- 如果要选择一个呈现在关键帧之间的任何一个内容，可单击时间轴上的一个帧，如图 3-56 所示。

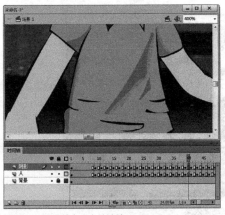

图3-56　选择其中一个关键帧

● 如果要锁定或解锁组和元件，可选择组或元件，执行"修改"→"排列"→"锁定"命令，解锁所有锁定的组和元件，如图3-57所示。

图3-57　锁定元件

3.2.2 部分选取工具的运用

在 Flash CS6 中，部分选取工具是修改和调整路径的有效工具，主要用于选择线条、移动线条、编辑锚点及调整锚点方向等。使用"部分选取工具"并拖动鼠标，可以将包含在矩形选取框内的对象全部选中。但是，"部分选取工具"多用于选择图形对象的锚点。

单击工具箱中的"部分选取工具" 后再单击图形对象，可显示图像的所有锚点，如图3-58所示。单击某个锚点可将其选中，如图3-59所示，按住 Shift 键单击不同的锚点，可同时选择多个锚点，如图3-60所示。

部分选取工具是运用贝塞尔曲线的原理进行编辑的，这样方便对路径上的控制点进行选取、拖拽和调整路径方向，以及删除节点等操作，使图形达到理想的造型效果，如图3-61所示。

图3-58　显示锚点

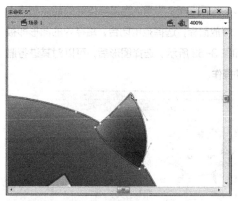

图3-59　单击锚点

图3-60　选择多个锚点

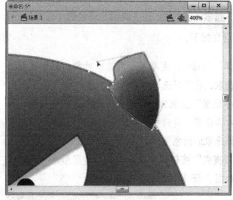

图3-61　调整路径方向

3.2.3 套索工具的运用

使用"套索工具"可以精确地选择不规则图形中的任意部分。在工具箱中选择"套索工具" ，将鼠标指针移至舞台中，单击并拖动，即可在图形对象中选择需要的范围,如图 3-62 所示。当鼠标指针的起点和终点重合时,释放鼠标,选择范围闭合,路径内的图形即被选中,如图 3-63 所示。选择图形后,可以对其进行删除或移动操作。

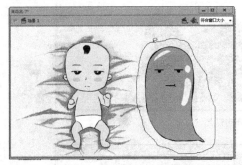

图3-62 选择范围

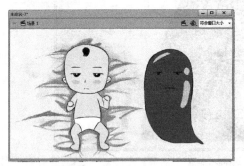

图3-63 选中图形

单击"套索工具"后,在工具箱底部会显示套索按钮,各按钮的含义如下。

- "魔术棒"按钮 ![icon]:主要用于沿选择对象的轮廓进行大范围的选取,也可以选取色彩范围。
- "魔术棒设置"按钮 ![icon]:在选项区域中单击该按钮,弹出"魔术棒设置"对话框,如图 3-64 所示,其中可以设置魔术棒选取的颜色范围。
- "多边形模式"按钮:主要对不规则的图形进行精确地选择,如图 3-65 所示。

图3-64 "魔术棒设置"对话框　　图3-65 多边形模式

3.2.4 任意变形工具的运用

在 Flash CS6 中,任意变形工具用来改变和调整对象的形状。在任意变形工具中,不仅包括缩放、旋转、倾斜和反转等基本变形模式,而且包括扭曲及封套等特殊变形模式。各种变形都有其特点,加以灵活运用就可以做出很多特殊效果。

单击工具箱中的"任意变形工具" ![icon]后,单击选择舞台中的对象,对象周围会出现变形框,如图 3-66 所示。在所选对象的周围移动指针,指针会发生变化,指明哪种变形功能可用。将指针放在边框内的对象上,当指针变为 ![icon] 的形状时,单击并拖动鼠标可将对象移动到其他位置,如图 3-67 所示,在此操作中,注意不要拖动变形点。

图3-66 显示变形框

图3-67 移动图形

将指针放置在角手柄的外侧,当指针变为 ![icon] 形状时,单击并拖动鼠标可旋转对象,如图 3-68 所示。水平或垂直拖动角手柄或边手柄可以沿各自的方向进行缩放,如图 3-69 所示。

图3-68　旋转对象

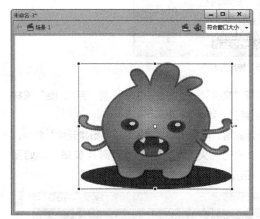

图3-69　缩放对象

将指针放置在变形手柄之间的轮廓上，当指针变为 ⇌ 或 ⇅ 形状时，单击并拖动鼠标可水平或垂直倾斜对象，如图 3-70 和图 3-71 所示。

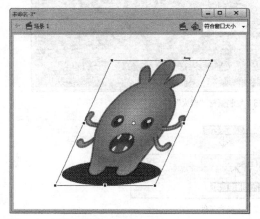

图3-70　水平倾斜对象

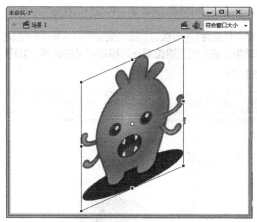

图3-71　垂直倾斜对象

按住 Ctrl 键，将指针放置在角手柄外侧，当指针变为 ▷ 形状时，单击并拖动鼠标可对对象进行变形操作，如图 3-72 所示。

▼

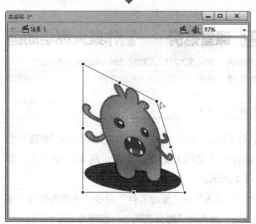

图3-72　变形对象

同时按住 Ctrl 键和 Shift 键,将指针放置在角手柄外侧,当指针变为 ⇗ 形状时,拖动鼠标可以将所选的角及其相邻角从它们的原始位置一起移动相同的距离,如图3-73 所示。

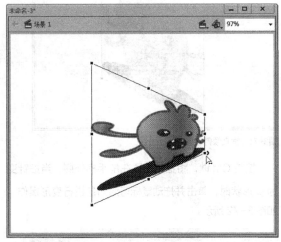

图3-73　拖动角手柄外侧

单击工具箱中的"任意变形工具"后,在工具箱的底部会显示"贴紧至对象"按钮、"旋转与倾斜"按钮和"缩放"按钮,各按钮的主要含义如下。

- "贴紧至对象"按钮 ◎ :单击该按钮,可以对选择的对象进行紧贴。
- "旋转与倾斜"按钮 ◎ :单击该按钮,可以对选择的对象进行旋转或倾斜操作。
- "缩放"按钮 ◎ :单击该按钮,可以对选择的对象进行放大或缩小操作。

3.2.5 课堂范例——制作柴火燃烧动画

源文件路径	素材/第3章/3.2.5课堂范例——制作柴火燃烧动画
视频路径	视频/第3章/3.2.5课堂范例——制作柴火燃烧动画.mp4
难易程度	★★

01 启动 Flash CS6 软件,执行"文件"→"新建"命令,新建一个文档(宽 550 像素,高 400 像素),如图 3-74 所示。

02 执行"插入"→"新建元件"命令,元件命名为"柴火燃烧",类型为"影片剪辑",如图 3-75 所示。

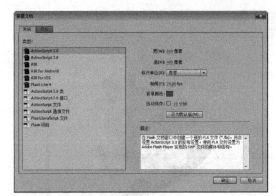

图3-74　"新建文档"对话框

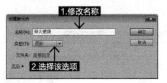

图3-75　转换为元件

03 执行"文件"→"打开"命令,将"柴火.fla"素材复制到舞台,如图 3-76 所示。

04 新建图层,再次执行"插入"→"新建元件"命令,元件命名为"火焰",类型为"影片剪辑",如图 3-77 所示。

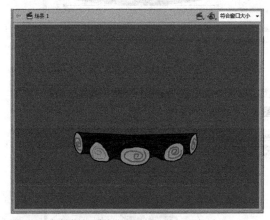

图3-76　复制素材"柴火"

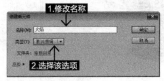

图3-77　转换为元件

05 执行"文件"→"打开"命令,将"火焰.fla"素材复制到舞台,如图3-78所示。

06 选中第3帧,按F6键插入关键帧,复制另一个素材"火焰.fla"到舞台,使用"任意变形工具"将图形变形,调整到合适的位置,如图3-79所示。

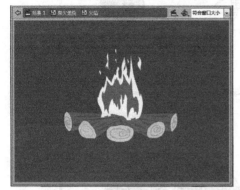

图3-78 复制素材"火焰"

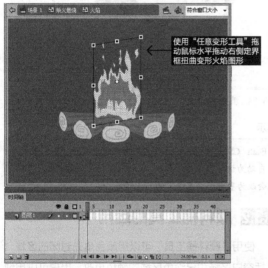

使用"任意变形工具"拖动鼠标水平拖动右侧定界框扭曲变形火焰图形

图3-79 变形图形

07 选中第5帧,按F6键插入关键帧,再次复制"火焰"素材到舞台,使用"任意变形工具"对图形进行变形,如图3-80所示。

08 使用同样的操作方法,继续插入关键帧,复制素材到舞台,将图形适当变形,制作火焰燃烧的动画,如图3-81所示。

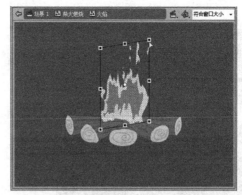

图3-80 对图形进行变形

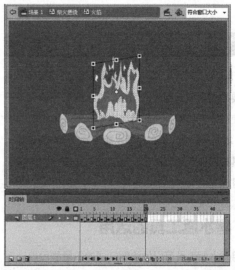

图3-81 制作燃烧动画

09 完成该动画的制作,按Ctrl+Enter快捷键测试动画效果,如图3-82所示。

图3-82 测试动画效果

图3-82 测试动画效果（续）

3.3 熟悉填充与描边工具

在 Flash CS6 中，绘制矢量图形的轮廓线条后，通常还需要为图形填充相应的颜色。恰当的颜色填充，不但可以使图形更加精美，而且可以弥补线条中出现的细小失误。填充与描边工具包括墨水瓶工具、颜料桶工具、滴管工具和渐变变形工具等。本节主要详细介绍这些工具的使用方法。

3.3.1 墨水瓶工具的运用

使用墨水瓶工具可以为绘制完成的矢量线段填充颜色，也可以为指定的色块加上边框。但是，墨水瓶工具不能对矢量色块进行填充。若要修改笔触部分的颜色，只需重新设置"笔触颜色"，然后选择"墨水瓶工具"，单击需要修改的笔触部分即可完成。

若要对笔触部分的颜色、笔触宽度和样式等多个属性进行修改，可先选择"墨水瓶工具"，然后在"属性"面板中对工具进行更加详细的设置，如图3-83 所示。单击工具箱中的"墨水瓶工具" ，将鼠标指针移至需要填充轮廓的图形上，单击即可填充轮廓颜色，如图 3-84 所示。

图3-84 填充轮廓颜色

提示

在Flash CS6中，单击一个没有轮廓线的区域时，墨水瓶工具会自动为该区域增加轮廓线。如果该区域已有轮廓线，轮廓线会改为墨水瓶工具设定的颜色样式。

3.3.2 颜料桶工具的运用

使用"颜料桶工具"可以用颜色填充封闭的区域，包括空白区域和已涂色区域的颜色更改。用户可以用纯色、渐变填充及位图填充进行涂色。此外，使用颜料桶工具还可以填充未完全封闭的区域，并且可以指定在使用颜料桶工具时闭合形状轮廓中的间隙。

单击工具箱中的"颜料桶工具"，将鼠标指针移至需要填充颜色的图形对象上，单击即可填充，如图 3-85 所示。此外，渐变填充如图 3-86 所示，位图填充如图 3-87 所示。

图3-83 "属性"面板

66

图3-85 填充图形对象

图3-86 渐变填充

图3-87 位图填充

使用工具箱中的"颜料桶工具"时，在工具箱底部会出现相应的选项，其含义如下。

● 空隙大小：该选项用于定义可以被填充的图形的空隙大小。选项列表中包括"不封闭空隙" **⊙**、"封闭小空隙" **⊙**、"封闭中等空隙" **⊙**、和"封闭大空隙" **⊙** 4个选项。但要注意，这里指的空隙不能是很大的空隙。

● 锁定填充：该选项只能应用于渐变，并且开启后就不能再应用其他渐变，渐变之外的颜色也不会受到任何影响。

提示

如果要在填充形状之前手动封闭空隙，可以选择"不封闭空隙"。对于复杂的图形，选择手动封闭空隙会快一些。如果空隙太大，就必须手动封闭它们。

3.3.3 滴管工具的运用

运用"滴管工具"可以吸取矢量色块属性、矢量线条属性、位图属性及文字属性等，并且可以将选择的属性应用到其他对象中。

"滴管工具"的使用方法很简单，用户只需单击工具箱中的滴管工具，将鼠标指针移至舞台中的吸取对象上，如图3-88所示，再次单击后鼠标指针呈颜料桶状，再将鼠标指针移至需要填充的图形上，单击即可填充图形对象，如图3-89所示。

图3-88 吸取对象颜色

图3-89 填充图形对象

67

3.3.4 渐变变形工具的运用

运用"渐变变形工具"可以对已经存在的填充进行调整，包括线性渐变填充、放射状填充和位图填充。

单击使用渐变的形状区域，系统将显示一个带有编辑手柄的边框，如图3-90所示。当鼠标指针在这些手柄中的任何一个划过时，它们会发生变化，并显示该功能。

● 中心点：中心点手柄的变换图标是一个四向箭头，可用于调整渐变色的中心点，如图3-91所示。

图3-90　显示编辑手柄

图3-91　调整中心点

● 宽度：调整渐变的宽度。宽度手柄的变换图标是一个双头箭头，如图3-92所示。

图3-92　调整渐变宽度

● 旋转：调整渐变的旋转。旋转手柄的变换图标是四个箭头组成的一个圆形，如图3-93所示。

图3-93　旋转渐变

● 大小：大小手柄的变换图标是一个渐变矩形，如图3-94所示。

● 焦点：仅在选择放射状渐变时才显示焦点手柄。焦点手柄的变换图标是一个倒三角，如图3-95所示。

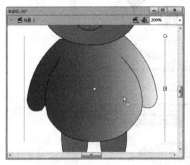

图3-94　手柄大小

图3-95　焦点手柄

"渐变填充工具"还可以通过调整填充大小、方向、长度、宽度来修改位图的填充效果。

使用"渐变填充工具"在位图填充的图形上单击，效果如图3-96所示，会看到一个带有编辑手柄的边框，它与渐变填充的边框有所不同，通过拖动手柄可改变位图填充的效果。

- **水平倾斜**：拖动此边框上的倾斜手柄，可以使位图的水平方向倾斜，如图 3-97 所示。

图3-96　位图填充

图3-97　水平倾斜

- **宽度**：拖动此边框左侧的方形手柄，可以更改位图填充的宽度，如图 3-98 所示。

图3-98　更改位图宽度

- **垂直倾斜**：与水平倾斜的操作方法相似，只是效果不一样。
- **高度**：拖动此边框底部的方形手柄，可以更改位图的填充高度，如图 3-99 所示。

图3-99　更改位图高度

3.3.5　课堂范例——制作卡通小动画

源文件路径	素材/第3章/3.3.5课堂范例——制作卡通小动画
视 频 路 径	视频/第3章/3.3.5课堂范例——制作卡通小动画.mp4
难 易 程 度	★★

01 启动 Flash CS6 软件，执行"文件"→"新建"命令，新建一个文档（宽 350 像素，高 350 像素），如图 3-100 所示。

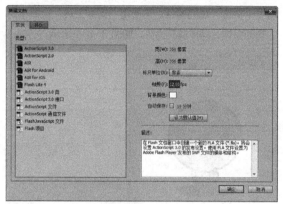

图3-100　"新建文档"对话框

02 选择"椭圆工具"在舞台中绘制一个椭圆，使用"油漆桶工具"填充灰色，如图 3-101 所示。

图3-101　填充颜色

03 按 F8 键，将椭圆转换为元件。选中第 25 帧，按 F6 键插入关键帧。使用"任意变形工具"拖动边框，放大椭圆，如图 3-102 所示。在两个关键帧之间创建传统补间，如图 3-103 所示。

图3-102　放大椭圆

69

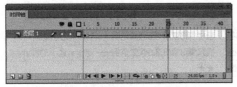

图3-103　创建传统补间

04 新建"图层2"，单击工具箱中的"椭圆工具"，笔触大小设置为3，笔触颜色设置为红色，在舞台中绘制一个椭圆，填充橘色。再使用"钢笔工具"绘制卡通人物的身体，同样填充橘色，如图3-104所示。

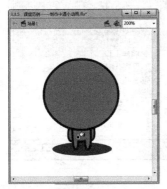

图3-104　填充颜色

05 选中第16帧，按F6键插入关键帧，使用"钢笔工具"重新绘制卡通人物的手，如图3-105所示。

图3-105　绘制图形

06 选中第17帧，插入关键帧，同样使用"钢笔工具"重新绘制手，如图3-106所示。

07 新建"图层3"，使用"铅笔工具"，在卡通人物的头上绘制一个图形，使用"颜料桶工具"填充绿色，如图3-107所示。按F8键，将图形转换为元件。

08 选中第11帧，插入关键帧，在两个关键帧之间创建

传统补间，如图3-108所示。

图3-106　绘制图形

图3-107　填充颜色

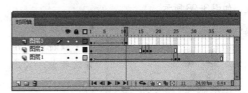

图3-108　创建传统补间

09 选中第16帧，插入关键帧，向下移动图形，如图3-109所示。在两个关键帧之间创建传统补间，如图3-110所示，再在第17帧、第18帧插入关键帧，并调整图形位置。

图3-109　移动图形

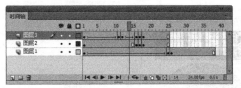

图3-110 创建传统补间

10 新建"图层4"，在第6帧和第9帧插入关键帧，选中两帧之间任意一帧，使用"钢笔工具"在舞台中绘制一个图形，填充黄色，如图3-111所示。再使用"选择工具"选中图形中的一条线段，按Delete键删除，如图3-112所示。

图3-111 填充颜色

图3-112 删除线段

11 选中第11帧，插入关键帧，复制之前帧的内容，如图3-113所示。

12 新建"图层5"，选中第20帧，插入关键帧，执行"文件"→"导入"→"导入到舞台"命令，将素材"文字.png"导入到舞台，如图3-114所示。按F8键，将文字素材转换为元件。

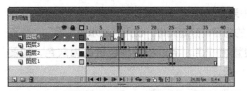

图3-113 复制帧

图3-114 导入素材"文字"

13 选中第21帧，插入关键帧，使用"任意变形工具"旋转图形，如图3-115所示。再选中第23帧，将图形旋转并向下移动位置，如图3-116所示。选中第23帧，创建传统补间。

图3-115 旋转图形

图3-116 移动图形

71

14 选中第 26 帧，插入关键帧，复制之前绘制的所有卡通人物的内容。分离元件，使用"墨水瓶工具"，填充颜色设置为灰色，将边框的颜色更改为灰色，如图 3-117 所示。

图3-117　更改边框颜色

15 使用"颜料桶工具"将填充颜色更改为浅灰色，再使用"椭圆工具"在卡通人物线框内绘制椭圆，并更改填充颜色，制作月球表面效果，如图 3-118 所示。

16 选中第 38 帧，按 F5 键插入帧，再选中第 28 帧，按 F6 键插入关键帧，如图 3-119 所示。选中第 26 帧，单击卡通小人的头，使用"任意变形工具"将头部扩大并变形，如图 3-120 所示。

图3-118　图形效果

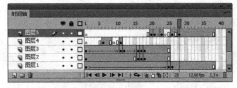

图3-119　插入关键帧

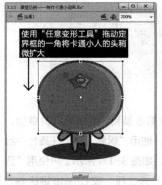

图3-120　将图形变形

17 新建"图层 6"，选中第 27 帧，插入关键帧，在"库"面板中将文字元件拖入舞台，在"属性"面板中设置 Alpha 值为 5%，并将元件位置向下移动，如图 3-121 所示。

图3-121　移动图形

18 选中第 28 帧，插入关键帧，使用"椭圆工具"在舞台中绘制小圆点，填充颜色设置为灰色，填充颜色的不透明度为 40%，再按 F8 键将圆点转换为元件，如图 3-122 所示。

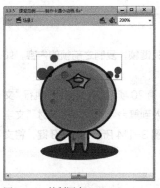

图3-122　绘制圆点

19 新建多个图层，用同样的方法，插入关键帧，将"文字"元件拖入舞台中，制作文字下落动画，如图 3-123 所示。

图3-123　文字动画效果

20 新建"图层12"，选中第 26 帧，插入关键帧，如图 3-124 所示。使用"钢笔工具"绘制图形，如图 3-125 所示。

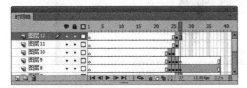

图3-124　插入关键帧

图3-125　绘制图形

21 完成该动画的制作，按 Ctrl+Enter 快捷键测试动画效果，如图 3-126 所示。

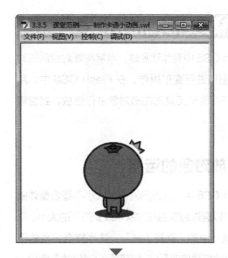

图3-126　测试动画效果

3.4 熟悉变形图形对象

在 Flash CS6 中制作动画时，常常需要对绘制的对象或导入的图形进行变形操作。在 Flash CS6 中，用户可以通过任意变形工具对图形对象进行缩放、封套等操作。

3.4.1 缩放对象的运用

在 Flash CS6 中，当图形对象的大小不适合整体画面效果时，可以通过缩放图形对象来改变图形的大小。

单击工具箱中的"选择工具"，选择需要缩放的图形对象，然后执行"修改"→"变形"→"缩放"命令，调出变形控制框，拖动变形框的角手柄，注意缩放时长、宽比例仍保持不变，如图 3-127 所示。

图3-127 等比例缩放对象

按住 Shift 键拖动可以进行不等比例缩放，如图 3-128 所示。拖动中心手柄可以沿水平或垂直方向缩放

对象，如图 3-129 所示。

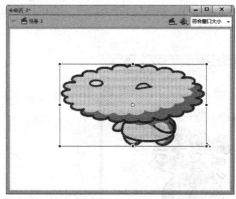

图3-128 缩放对象

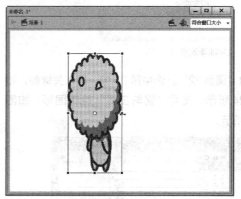

图3-129 水平缩放对象

提示

当使用"任意变形工具"对图形对象进行缩放时，按住Shift键可使对象等比例缩放，与使用此命令恰恰相反。

3.4.2 封套对象的运用

在 Flash CS6 中，封套图形对象可以对图形对象进行细微的调整，以弥补扭曲变形工具无法改变的某些细节部分。封套是一个边框，其中包含一个或多个对象，更改封套的形状会影响该封套内对象的形状。通过调整封套的点和切线手柄可以编辑封套的形状。

在舞台中选择图形对象，执行"修改"→"变形"→"封套"命令，图形对象的周围会出现变换框，如图 3-130 所示。

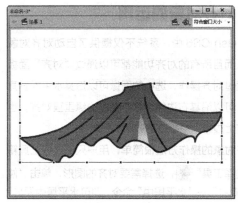

图3-130 封套图形对象

变换框上存在两种变形手柄，即方形和圆形。方形手柄可以沿着对象变换框上的点直接对其调整，如图3-131所示；而圆形手柄则为切线手柄，单击并拖动圆形手柄，即可改变圆形手柄的方向，使图形的形状发生改变，如图3-132所示。

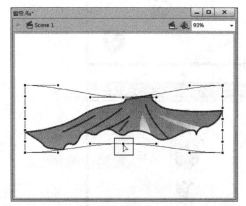

图3-131 调整方形手柄

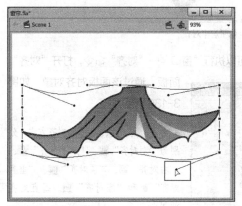

图3-132 调整圆形手柄

3.4.3 旋转对象的运用

在 Flash CS6 中，如果需要旋转某对象，只需选择该对象，然后运用旋转功能对该对象进行旋转操作。

旋转对象的操作方法很简单，用户只需选取工具箱中的"任意变形工具"，选择需要旋转的图形对象，同时在下方单击"旋转与倾斜"按钮，也可以执行"修改"→"变形"→"旋转与倾斜"命令，拖动角手柄旋转对象，如图3-133所示，或者拖动中心手柄倾斜对象，如图3-134所示。

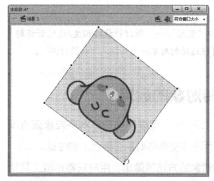

图3-133 旋转对象

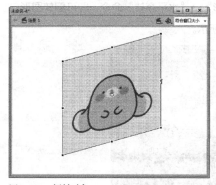

图3-134 倾斜对象

选择图形对象，执行"修改"→"变形"→"缩放和旋转"命令，会弹出"缩放和旋转"对话框，如图3-135所示，通过该对话框，可以精确控制对象的缩放比例和旋转角度，如图3-136所示。

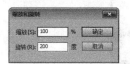

图3-135 "缩放和旋转"对话框

图3-136　旋转图形

提示

执行"修改"→"变形"→"顺时针旋转90度/逆时针旋转90度"命令，可使选择的对象快速按指定方向旋转90°。

3.4.4 翻转对象的运用

在 Flash CS6 中，可以使图形在水平或垂直方向上进行翻转，而不改变图形对象在舞台上的位置。

翻转图形对象的方法很简单，用户只需选取工具箱中的任意变形工具，选择需要旋转的图形，单击"修改"→"变形"→"水平翻转"命令，即可翻转图形，如图 3-137 所示。

图3-137　翻转图形

3.4.5 对齐对象的运用

在 Flash CS6 中，系统不仅提供了自动对齐对象的功能，而且所有的对齐功能都可以通过"对齐"面板实现。通过对齐操作，选中的图像可以沿其水平或垂直轴对齐，可以沿其右边缘、中心或左边缘垂直对齐，也可以沿其上边缘、中心或下边缘水平对齐。

对齐对象的操作方法很简单，用户只需选取工具箱中的"选择工具"，选择需要对齐的图形，单击"修改"→"对齐"→"水平居中"命令，即可水平居中图形，如图 3-138 所示。

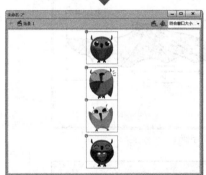

图3-138　水平居中对齐

还可以执行"窗口"→"对齐"命令，打开"对齐"面板，通过该面板对齐对象，如图3-139 所示。

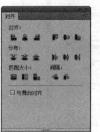

图3-139　"对齐"面板

● **对齐**：该选项包括6种对齐方式，分别为"左对齐"、"水平对齐"、"右对齐"、"顶对齐"、"垂直对齐"和"底对齐"。垂直对齐效果如图 3-140 所示。

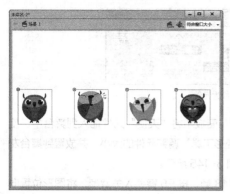

图3-140 垂直对齐

- 分布：该选项包括6种分布对象的方式，分别为"顶部分布" ![图标]、"垂直居中分布" ![图标]、"底部分布" ![图标]、"左侧分布" ![图标]、"水平居中分布" ![图标]和"右侧分布" ![图标]，这6种"分布"方式与6种"对齐"方式相对应。

- 匹配大小：用于调整多个选定对象的大小，使所有对象的水平或垂直尺寸与所选定最大对象的尺寸一致。该选项包括3种匹配方式，分别为匹配宽度、匹配宽和高及匹配高度，如图3-141所示。

原图

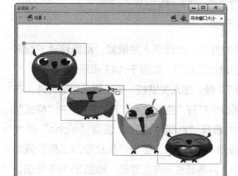

匹配宽度

图3-141 匹配大小

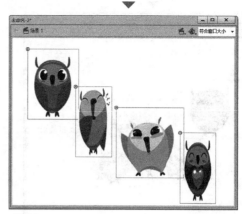

匹配高度

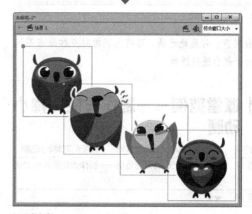

匹配宽和高

图3-141 匹配大小（续）

- 间隔：用于垂直或水平隔开选定的对象，该选项包括两种间隔对象的方式，分别为垂直平均间隔和水平平均间隔。当处理大小差不多的图形时，这两个功能没有太大的差别，但当图形的尺寸大小不同时，差别就很明显，如图3-142所示。

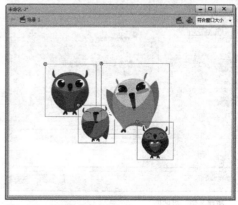

图3-142 间隔对象

77

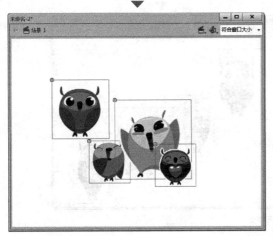

图3-142 间隔对象（续）

● **与舞台对齐**：勾选此选项，可将上述的对齐和分布等选项相对于舞台进行操作。

3.4.6 课堂范例——制作天使挥棒小动画

源文件路径	素材/第3章/3.4.6课堂范例——制作天使挥棒小动画
视频路径	视频/第3章/3.4.6课堂范例——制作天使挥棒小动画.mp4
难易程度	★★

01 启动 Flash CS6 软件，执行"文件"→"新建"命令，新建一个文档（宽720像素，高540像素），舞台颜色设置为蓝色，如图3-143所示。

02 执行"插入"→"新建元件"命令，新建一个名为"天使挥棒"的元件，类型为"影片剪辑"，如图3-144所示。

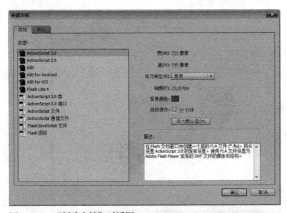

图3-143 "新建文档"对话框

图3-144 转换为元件

03 从"库"面板中将"天使"元件拖入到舞台中，使用"任意变形工具"调整元件的大小，并放置到舞台左上角，如图3-145所示。

04 选中第13帧，按F6键插入关键帧，将图形位置向左移动，如图3-146所示，在两个关键帧之间创建传统补间。

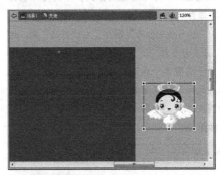

图3-145 调整元件

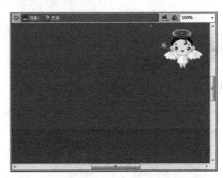

图3-146 移动图形

05 用同样的方法，继续插入关键帧，稍微移动下图形位置，并创建传统补间，如图3-147所示。

06 选中第72帧，插入关键帧，单击舞台中的元件，在"属性"面板中打开"色彩效果"下拉面板，在"样式"下拉列表中选择"高级"选项，设置"Alpha"值为32%，如图3-148所示，使用"任意变形工具"调整元件的大小，并将其位置向左移动，如图3-149所示。

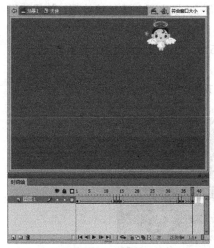

图3-147　创建传统补间

图3-148　"属性"面板

图3-149　移动元件

07 继续创建关键帧，并将元件移动至舞台外。

08 新建"图层2"，选中第15帧，插入关键帧，使用"钢笔工具"在舞台中绘制一个形状，如图3-150所示。

09 执行"窗口"→"颜色"命令，打开"颜色"面板，设置颜色类型为线性渐变，并更改颜色，如图3-151所示。

图3-150　绘制形状

图3-151　"颜色"面板

10 使用"颜料桶工具"，在绘制的形状上单击，并使用"选择工具"双击形状的边框，按Delete键删除，绘制出光束的效果，如图3-152所示。将绘制的形状转换为图形元件。

11 选中第24帧，插入关键帧，再选中第15帧，单击舞台上的光束，使用"任意变形工具"将光束缩小，如图3-153所示。

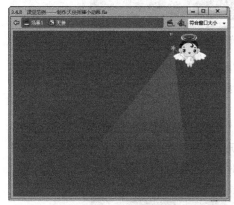

图3-152　光束效果

图3-153　缩小图形

12 选中第15~24帧中的任意一帧，单击鼠标右键，选择"创建传统补间"选项。使用同样的操作方法，再次创建传统补间，如图3-154所示，制作光束收回的动画效果，如图3-155所示。

图3-154　创建传统补间

图3-155 光束动画效果

13 新建"图层3"，选中第15帧，插入关键帧，使用"多角星形工具"在舞台中绘制一个五角星，如图3-156所示。

14 使用"任意变形工具"将五角星缩小，并在舞台中沿光束的形状复制多个五角星，同时选中所有五角星并转换为元件，如图3-157所示。

图3-156 绘制五角星

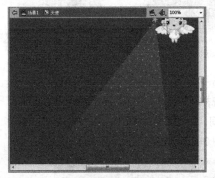

图3-157 复制多个五角星

15 选中第24帧，插入关键帧。再选中第15帧，单击舞台中的星星，在"属性"面板中，设置"Alpha"值

为0。在第15~24帧之间创建传统补间，效果如图3-158所示。

16 选中第25帧，继续插入关键帧，设置星星元件的"Alpha"值，并创建传统补间，如图3-159所示，使星星与光束出现的时间同步。

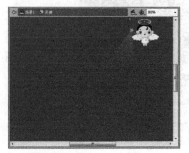

图3-158 光束效果

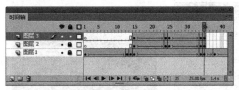

图3-159 创建传统补间

17 完成该动画的制作，按Ctrl+Enter快捷键测试动画效果，如图3-160所示。

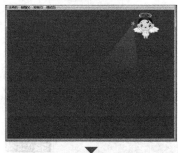

图3-160 测试动画效果

3.5 综合训练——制作多彩扁平化广告

源文件路径	素材/第3章/3.5综合训练——制作多彩扁平化广告
视频路径	视频/第3章/3.5综合训练——制作多彩扁平化广告.mp4
难易程度	★★★★

01 启动 Flash CS6 软件，执行"文件"→"新建"命令，新建一个文档（宽550像素，高400像素），设置舞台颜色，如图3-161所示。

02 执行"文件"→"打开"命令，打开"扁平化立方体.fla"素材，复制素材到舞台，如图3-162所示。

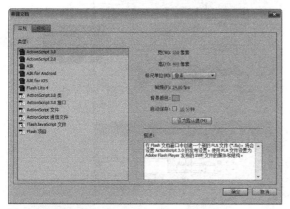

图3-161 "新建文档"对话框

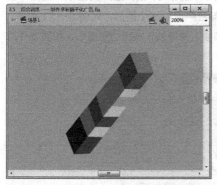

图3-162 复制素材

03 选中第5帧，按F6键插入关键帧，再选中第9帧、第10帧、第11帧，分别插入关键帧。选中第5帧，使用"选择工具"将深蓝色以外的其他平面删除，如图3-163所示。选中第10帧，选择"任意变形工具"，单击并拖动边框，将图形缩小，如图3-164所示。

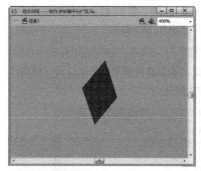

图3-163 删除平面

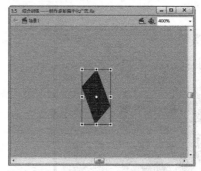

图3-164 缩小图形

04 在第5~9帧之间创建补间形状，如图3-165所示。选中第10帧，删除该帧的内容。选中第11帧，按F8键，将图形转换为元件。

05 选中第14帧、第15帧、第16帧，按F6键分别插入关键帧，分别选中这3帧，并使用"任意变形工具"将图形稍微旋转一些角度，如图3-166所示。

图3-165 创建补间形状

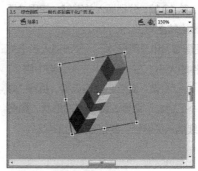

图3-166 旋转图形

06 选中第 11 帧、第 14 帧、第 15 帧，在关键帧之间分别创建传统补间，如图 3-167 所示。

07 新建图层 2、图层 3、图层 4，复制图层 1 中的所有帧，适当在各个图层之间删除并调整关键帧的位置，使动作连贯，如图 3-168 所示。

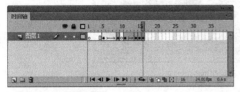

图3-167　创建传统补间

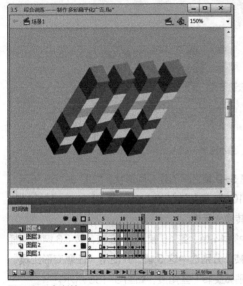

图3-168　复制帧

08 选中图层 4 中的第 17 帧，在"库"面板中将"元件 2"拖入舞台中，移至适当位置。选中该元件，执行"修改"→"变形"→"水平翻转"命令，将元件水平翻转，如图 3-169 所示。

09 选中第 18 帧、第 19 帧，分别插入关键帧，使用"任意变形工具"稍微旋转图形。

10 分别选中"图层 3"和"图层 4"，分别插入多个关键帧，并调整元件的大小。在"图层 4"中，选中第 27 帧，执行"修改"→"分离"命令，分离元件，执行"修改"→"变形"→"封套"命令，调整图形形状，如图 3-170 所示。继续插入关键帧，调整图形的形状。

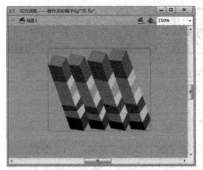

图3-169　水平翻转元件

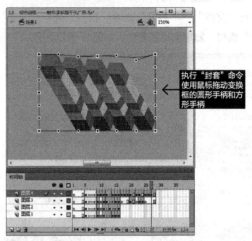

执行"封套"命令使用鼠标拖动变换框的圆形手柄和方形手柄

图3-170　封套图形

11 选中图层 1 中的第 37 帧，插入关键帧，使用"钢笔工具"在舞台中绘制一个图形，如图 3-171 所示。选中第 38 帧插入关键帧，继续绘制图形，如图 3-172 所示。

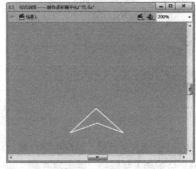

图3-171　绘制图形

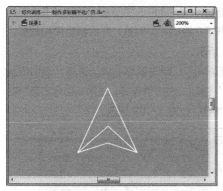

图3-172 绘制图形

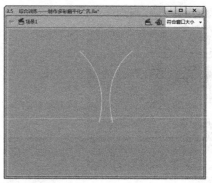

图3-176 绘制图形

12 选中第 39 帧，插入关键帧，继续绘制图形，如图 3-173 所示。继续并分别选中第 41~80 帧，插入多个关键帧，绘制图形，如图 3-174 所示，完成逐帧动作，效果如图 3-175 和图 3-176 所示。

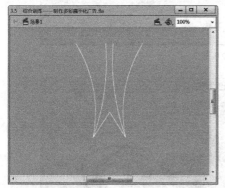

图3-173 绘制图形

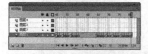

图3-174 插入多个关键帧

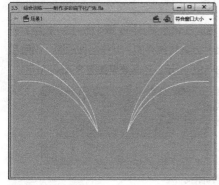

图3-175 绘制图形

13 选中"图层 2"和"图层 3"，再新建两个图层，分别在第 37~80 帧插入关键帧，并在舞台中绘制图形，如图 3-177 和图 3-178 所示。

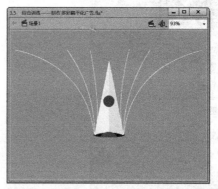

图3-177 绘制图形

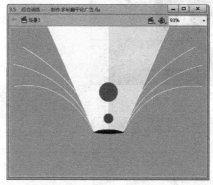

图3-178 绘制图形

14 分别在图层 1~5 中选中第 83 帧，分别在舞台中绘制图形，效果如图 3-179 所示。

15 继续插入关键帧，绘制逐帧动画，使图形慢慢向外扩展，效果如图 3-180、图 3-181 和图 3-182 所示。

83

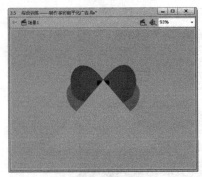

图3-179　绘制图形

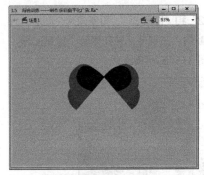

图3-180　绘制图形

图3-181　绘制图形

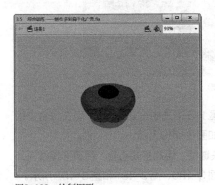

图3-182　绘制图形

16 新建"图层6",分别选中图层5和图层6,在第115帧中,按F6键插入关键帧,并绘制矩形和圆形,如图3-183所示。

17 选中"图层6",单击鼠标右键,选择"添加传统运动引导层"选项,选择引导层,使用"铅笔工具"在舞台中绘制路径,如图3-184所示。

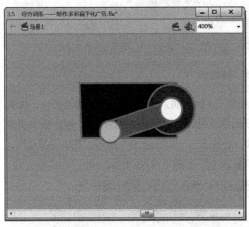

图3-183　绘制图形

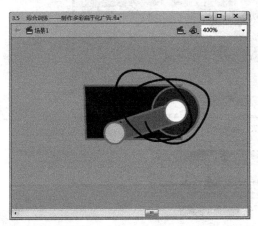

图3-184　绘制路径

18 分别选中图层5和图层6,在第115~199帧中,分别插入关键帧并创建传统补间,制作摇杆动画,隐藏引导层,如图3-185所示,动画效果如图3-186所示。

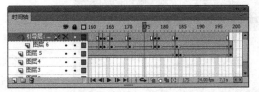

图3-185　创建传统补间

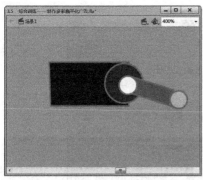

图3-186　摇杆动画效果

19 新建图层，将图层命名为"文字"，选中第115帧，使用"钢笔工具"在舞台中绘制文字的形状，如图3-187所示。

20 选中第198帧、第199帧，分别插入关键帧，并使用"任意变形工具"将文字图形缩小；在第115~198帧之间，创建补间形状，如图3-188所示。

图3-187　绘制文字形状

图3-188　创建补间形状

21 新建多个图层，并移至"文字"图层的下方，选中每个图层的第116帧，插入关键帧，并沿着文字形状绘制多个几何图形，为文字添加几何设计元素，如图3-189所示。将各个图形转换为元件，在第116~199帧之间插入关键帧，移动图形位置，使用"任意变形工具"旋转并缩小图形，在每个关键帧之间创建传统补间，使图形与文字的缩放动作同步，如图3-190所示。

图3-189　绘制几何图形

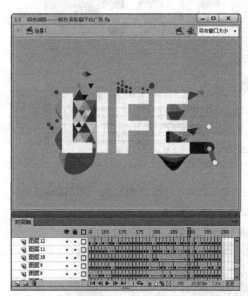

图3-190　创建传统补间

22 继续新建多个图层，使用同样的方法，在舞台中绘制不同的几何图形，如图3-191所示。

23 同样在第116~199帧之间，插入关键帧，调整各个图形的大小，在每个关键帧之间创建补间形状，如图3-192所示。

图3-191 绘制几何图形

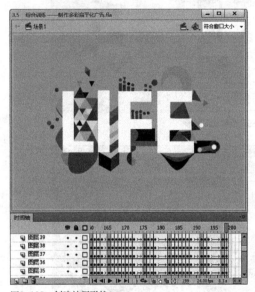

图3-192 创建补间形状

24 完成该动画的制作，按 Ctrl+Enter 快捷键测试动画效果，如图 3-193 所示。

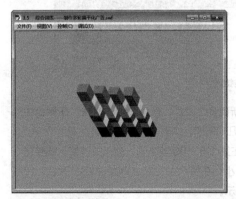

图3-193 测试动画效果

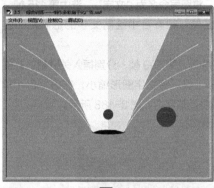

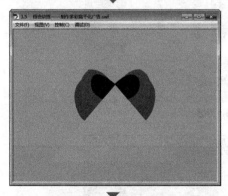

图3-193 测试动画效果（续）

图3-193　测试动画效果（续）

图3-195　习题2——制作网站横幅广告（续）

3.6 课后习题

◆**习题1：** 利用本章所学的铅笔工具、刷子工具和填充工具的使用方法，制作动态卡通桌面壁纸，如图3-194所示。

源文件路径	素材/第3章/3.6/习题1——制作动态卡通桌面壁纸
视 频 路 径	视频/第3章/3.6/习题1——制作动态卡通桌面壁纸.mp4
难 易 程 度	★★

图3-194　习题1——制作动态卡通桌面壁纸

◆**习题2：** 利用本章所学的钢笔工具、任意变形工具、渐变变形工具的使用方法，并结合椭圆工具和线条工具，制作网站横幅广告，如图3-195所示。

源文件路径	素材/第3章/3.6/习题2——制作网站横幅广告
视 频 路 径	视频/第3章/3.6/习题2——制作网站横幅广告.mp4
难 易 程 度	★

图3-195　习题2——制作网站横幅广告

心得笔记

第 4 章

动画图形对象的编辑

在 Flash CS6 中，提供了操作图形对象的各种方法。在实际操作中，可以将单个的对象组合成一组，然后再作为一个单独的对象组进行处理。本章主要介绍简单操作图形对象的方法，包括预览图形对象、选择图形对象、管理图形对象及合并图形对象等。

本章学习目标

- 掌握图形对象的预览
- 掌握图形对象的合并
- 掌握图形对象的分离

本章重点内容

- 熟悉图形对象的编辑
- 熟悉图形对象的修改

扫 码 看 课 件　　扫 码 看 视 频

4.1 图形对象的预览

在 Flash CS6 中，有 5 种模式可以预览动画图形对象，分别为轮廓预览图形对象、高速显示图形对象、消除动画图形中的锯齿、消除动画中的文字锯齿及显示整个动画图形对象。本节主要介绍这几种预览模式。

4.1.1 轮廓预览

轮廓预览图形对象是指只显示场景中图形形状的轮廓，并且所有的线条都显示为细线。这样会更加容易改变图形元素的形状及快速显示复杂的场景。

执行"视图"→"预览模式"→"轮廓"命令，即可以轮廓预览模式显示图形对象，如图 4-1 所示。

图4-1　显示轮廓

在 Flash CS6 中，还可以运用以下两种方法进行轮廓预览图形对象。

- 快捷键：按 Ctrl+Alt+Shift+O 组合键，即可显示轮廓。
- 按钮：单击"时间轴"面板中"图层 1"右端的"显示轮廓"按钮□。

4.1.2 高速显示

在 Flash CS6 中，高速显示图形对象将关闭消除锯齿功能，并且可以显示绘图的所有颜色和线条样式。在此模式下，Flash 中的图形的锯齿感非常明显。

执行"视图"→"预览模式"→"高速显示"命令，即可高速显示图形对象，如图 4-2 所示，把图像放大可以看到锯齿效果，如图 4-3 所示。

图4-2　高速显示对象

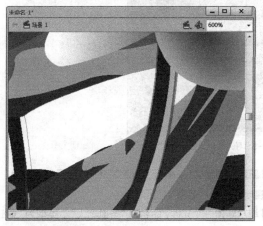

图4-3　锯齿效果

在 Flash CS6 中，还可以按 Ctrl+Alt+Shift+F 快捷键高速显示图形对象。

4.1.3 课堂范例——制作圣诞老人小动画

源文件路径	素材/第4章/4.1.3课堂范例——制作圣诞老人小动画
视频路径	视频/第4章/4.1.3课堂范例——制作圣诞老人小动画.mp4
难易程度	★★

01 启动 Flash CS6 软件，执行"文件"→"新建"命令，新建一个文档（宽 720 像素，高 720 像素），如图 4-4 所示。

02 执行"文件"→"导入"→"导入到舞台"命令，将素材"圣诞素材.png"导入到舞台，如图 4-5 所示。

图4-4 "新建文档"对话框

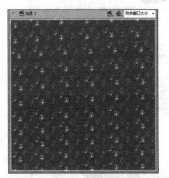

图4-5 导入素材"圣诞素材"

03 新建"图层 2"，执行"插入"→"新建元件"命令，新建一个"影片剪辑"的元件。

04 再次新建一个元件，命名为"圣诞老人"，类型为"影片剪辑"，如图 4-6 所示。

05 选中第 11 帧，按 F6 键插入关键帧，选择"椭圆工具"，在舞台中绘制一个椭圆，如图 4-7 所示。

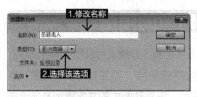

图4-6 创建新元件

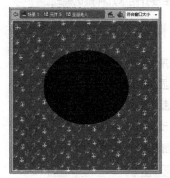

图4-7 绘制图形

06 继续在第 12~24 帧分别插入关键帧，并绘制不同的图形，制作逐帧动画，效果如图 4-8 和图 4-9 所示，选中第 26 帧，在舞台中绘制一个正方形，如图 4-10 所示。

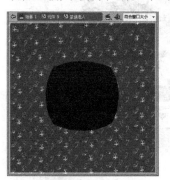

图4-8 绘制图形

图4-9 绘制图形

图4-10 绘制图形

07 选中第74帧、第80帧，插入关键帧，选中第80帧，在舞台中绘制一个正圆，更改填充颜色，如图4-11所示。

08 在第74~80帧之间，单击鼠标右键，选择"创建补间形状"选项，如图4-12所示，补间形状效果如图4-13所示。

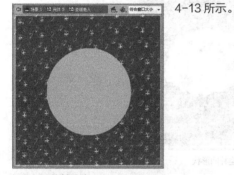

图4-11 绘制图形

图4-12 创建补间形状

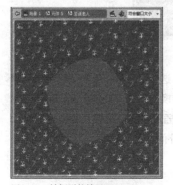

图4-13 补间形状效果

09 新建多个图层，选中第26帧插入关键帧，分别选中不同图层，并在正方形上绘制绿色丝带，如图4-14所示。

10 适当调整不同图层的关键帧，调整绿色丝带的大小，并创建补间形状，如图4-15所示，制作形状补间动画，效果如图4-16和图4-17所示。

图4-14 绘制图形

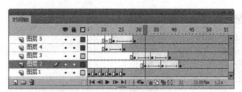

图4-15 创建补间形状

图4-16 补间形状效果

图4-17 补间形状效果

11 新建"图层7"并选中，在第81帧插入关键帧，绘制图形，如图4-18所示。选中第88帧插入关键帧，绘制图形，如图4-19所示。选中第98帧，单击鼠标右键，选择"插入空白帧"选项。

图4-18　绘制图形

图4-19　绘制图形

12 新建"图层8"，选中第83帧插入关键帧，并在舞台中绘制图形，如图4-20所示，继续插入关键帧，并在舞台中绘制图形，如图4-21所示，在两个关键帧之间创建传统补间。

图4-20　绘制图形

图4-21　绘制图形

13 新建多个图层，使用同样的方法插入关键帧，继续绘制圣诞老人，并且创建补间形状，效果如图4-22和图4-23所示。

图4-22　创建补间形状

图4-23　绘制圣诞老人

14 新建"图层13"，选中第1帧，复制圣诞老人到舞台，选中各个形状并转换为元件，如图4-24所示。

15 选中第7~16帧，插入不同关键帧，调整圣诞老人的形状，并创建形状补间，效果如图4-25和图4-26所示。

图4-24　显示元件

图4-25　形状补间效果

图4-26　形状补间效果

16 返回之前的影片剪辑元件，插入关键帧并创建传统补间。适当调整图形位置，并减慢变换的速度。

17 完成该动画的制作，按 Ctrl+Enter 快捷键测试动画效果，如图 4-27 所示。

图4-27　测试动画效果

4.2　图形对象的编辑

在 Flash CS6 中，编辑图形对象有很多种方法，包括移动图形对象、复制图形对象、剪切图形对象、组合图形对象及排列图形对象等。本节主要介绍编辑图形对象的具体方法。

4.2.1　图形对象的移动操作

在 Flash CS6 中，有时需要将一个图形移动到另一个位置以方便用户对图形进行编辑。可以通过以下4种方法移动图形对象。

使用"选择工具"移动对象

使用"选择工具"可以选择一个或多个对象。将鼠标指针放置在所选对象的上方,单击并拖动鼠标即可移动对象的位置,如图4-28所示。

按住Alt键拖动,可以移动并复制所选对象,如图4-29所示。按住Shift键拖动,可以使所选对象的移动方向限制为45°的倍数。

图4-28 移动对象

图4-29 移动并复制对象

使用键盘上的方向键移动对象

单击工具箱中的"选择工具",选择需要移动的图形对象,按住方向键,被选择的图形对象将以像素为单位按照方向键的方向进行移动。如果按住Shift键的同时再按住方向键,被选择的图形对象会以10像素为单位进行移动。

使用"属性"面板移动对象

执行"窗口"→"属性"命令,打开"属性"面板,如图4-30所示。选取工具箱中的"选择工具",选择需要移动的图形对象,在"属性"面板的"位置和大小"选项区的X、Y文本框中,按Enter键进行确认,移动图形对象,如图4-31所示。

图4-30 "属性"面板

图4-31 移动对象

使用"信息"面板移动图形对象

选取工具箱中的"选择工具",选择需要移动的图形对象,单击"窗口"→"信息"命令,弹出"信息"面板,在该面板中的X、Y文本框中输入确定对象的坐标值,按Enter键进行确认即可。

4.2.2 图形对象的复制操作

如果要在图层、场景或其他Flash文件之间移动或复制对象,可利用不同的粘贴命令,将对象粘贴在相对于其原始位置的某个位置。

选择一个或多个对象,执行"编辑"→"复制"命令,选择其他图层、场景或文件,再执行"编辑"→"粘贴到当前位置"命令,可将图形对象粘贴到相对于舞台的同一位置,如图4-32所示。执行"编辑"→"粘贴到中心位置"命令,可将图形对象粘贴到当前文件工作区的中心位置,如图4-33所示。

执行"编辑"→"选择性粘贴"命令,弹出"选择性粘贴"对话框,在该对话框中可以选择粘贴后图形对象的类型,如图4-34所示。

图4-32　粘贴对象

图4-33　粘贴对象至舞台中心

图4-34　"选择性粘贴"对话框

"选择性粘贴"对话框中各选项的含义如下。

● 来源：显示要粘贴内容的原始位置，如要粘贴 Word 文档中的一段文字，则会在"来源"里显示 Word 文档的存储位置。

● 粘贴：选中图形对象后，该选项后面的选择框中会出现两个选项。

● Flash 绘画：选择该选项进行粘贴时，即复制原始图形对象。

● 设备无关性位图：选择该选项进行粘贴时，即可得到一张位图图像。该选项经常会在矢量图转换成位图的工作中使用。

提示

按住Alt键单击并拖动图形对象，可快速复制该对象，也可以执行"编辑"→"直接复制"命令复制对象。

4.2.3　剪切图形对象

在运用 Flash CS6 制作动画时，要在复制或粘贴对象之前剪切相应的对象，才能进行复制或粘贴的操作。

选择需要剪切的图形对象，如图4-35所示，执行"编辑"→"剪切"命令，即可剪切图形对象，如图4-36所示。

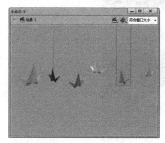

图4-35　选择对象

图4-36　剪切对象

除了运用以上方法可以剪切图形对象外，还可以通过以下两种方法剪切图形对象。

● 快捷键：按 Ctrl+X 组合键。

● 选项：选择需要剪切的图形对象，单击鼠标右键，在弹出的快捷菜单中选择"剪切"选项。

4.2.4　图形对象的组合操作

在 Flash CS6 中，有时需要同时对多个图形进行编辑，可以通过组合图形对象来管理和编辑图形。

组合图形对象的方法很简单，用户只需按住 Shift 键的同时选择需要组合的图形对象，单击"修改"→"组合"命令，即可组合，如图 4-37 所示。

图4-37 组合对象

除了运用以上方法可以组合图形对象外，还可以按
Ctrl+G 组合键。在 Flash CS6 中，组合的图形对象可
以是矢量图形、其他组合对象、元件实例或者文本内容等。
组合后的图形对象可以进行移动、复制、缩放、对齐和
旋转等操作。

4.2.5 图形对象的排列操作

在运用 Flash CS6 制作动画时，同一图层上的对象
往往是按照绘制或导入的顺序排列的，最先绘制或导入
的对象会排在最底层，最后绘制或导入的对象会排在最
顶层。如果需要调整对象的排列顺序，可以通过调整图
形对象所在图层的排列顺序来完成。

运用选择工具选择需要排列的图形对象，执行"修
改"→"排列"→"移至顶层"命令，即可排列选择的
图形对象，如图 4-38 所示。

图4-38 移至顶层

除了运用以上方法外，还可以通过选择需要排列的
图形对象，单击鼠标右键，在弹出的快捷菜单中选择"排
列"子菜单中的相应选项排列图形对象。

"排列"子菜单中，各选项的含义如下。

● 缩进移至顶层：选择该选项，会将选择的图形对象移至
  最上方。

● 上移一层：选择该选项，会将选择的图形对象上移一层，
  如图 4-39 所示。

图4-39 上移一层

图4-40 下移一层

图4-41 移至底层

●下移一层：选择该选项，会将选择的图形对象下移一层，如图4-40所示。

●移至底层：选择该选项，会将选择的图形对象移至最底层，如图4-41所示。

●锁定：选择该选项，会将选择的图形对象锁定，不能进行排列操作。

4.2.6 课堂范例——制作檀香扇展开动画

源文件路径	素材/第4章/4.2.6课堂范例——制作檀香扇展开动画
视频路径	视频/第4章/4.2.6课堂范例——制作檀香扇展开动画.mp4
难易程度	★

01 启动 Flash CS6 软件，执行"文件"→"新建"命令，新建一个文档（宽 550 像素，高 400 像素），如图 4-42 所示。

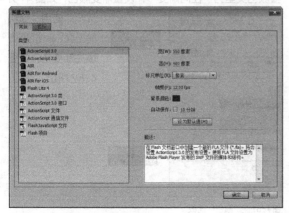

图4-42 "新建文档"对话框

02 执行"文件"→"导入"→"导入到舞台"命令，将素材"渐变背景.png"导入到舞台，如图 4-43 所示。

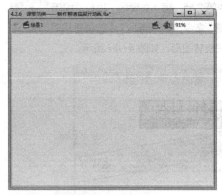

图4-43 导入素材"渐变背景"

03 新建"图层 2"，执行"插入"→"新建元件"命令，新建一个元件命名为"檀香扇展开"，类型为"影片剪辑"，如图 4-44 所示。

04 在"库"面板中将"檀香扇"元件拖入舞台中，使用"任意变形工具"将元件的中心点拖到扇子底部的位置，如图 4-45 所示。

图4-44 创建新元件

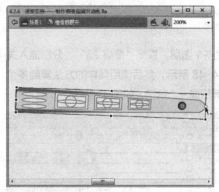

图4-45 调整中心点

05 单击舞台中的"檀香扇"元件，执行"编辑"→"复制"命令。新建"图层 2"，选中第 2 帧，按 F6 键插入关键帧。执行"编辑"→"粘贴到当前位置"命令，将"图层 1"中的檀香扇复制到"图层 2"中。使用"任意变形工具"，旋转图形，如图 4-46 所示。

06 再次选中"图层 2"，复制舞台中的檀香扇，新建"图层 3"，选中第 3 帧，插入关键帧，执行"编辑"→"粘贴到当前位置"命令，将"图层 2"中的檀香扇复制到"图层 3"中，并旋转图形，如图 4-47 所示。

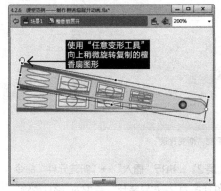

图4-46　旋转图形

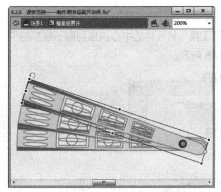

图4-47　旋转图形

07 继续新建多个图层，直至"图层 23"，分别插入关键帧，如图 4-48 所示，然后使用同样的方法复制多个檀香扇，使其组成一个扇子，如图 4-49 所示。

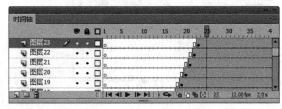

图4-48　插入关键帧

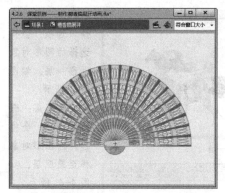

图4-49　复制图形

08 新建"图层 24"，使用"椭圆工具"在扇柄下方绘制一个圆形，删除椭圆轮廓线，如图 4-50 所示。

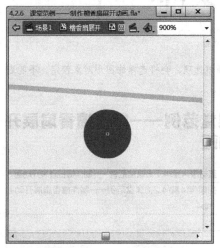

图4-50　绘制图形

09 执行"窗口"→"颜色"命令，在"颜色"面板中设置颜色类型为"径向渐变"，设置渐变颜色，如图 4-51 所示。使用"颜料桶工具"单击圆形，填充渐变色，如图 4-52 所示。

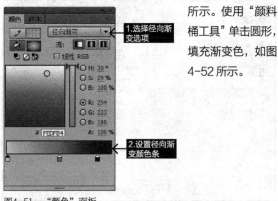

图4-51　"颜色"面板

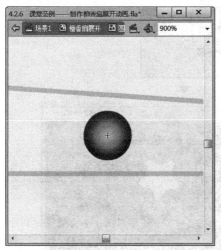

图4-52　填充渐变

10 完成该动画的制作，按 Ctrl+Enter 快捷键测试动画效果，如图 4-53 所示。

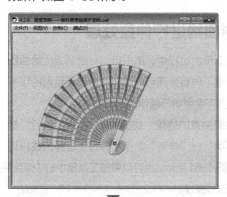

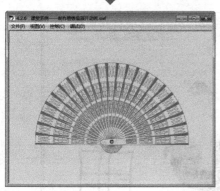

图4-53　测试动画效果

4.3 图形对象的修改

本节主要介绍如何对绘制完成的矢量图形进行修改，包括平滑曲线、伸直曲线、优化曲线、扩展与缩小填充、将线条转换为填充及柔化填充边缘等。

4.3.1 对曲线进行平滑处理

在绘制动画的过程中，用户可以对绘制完成的曲线进行平滑处理。选择需要平滑的线段，如图 4-54 所示，执行"修改"→"形状"→"平滑"命令，可使选择的线段更加平滑，效果如图 4-55 所示。也可以单击工具箱中的"平滑"按钮 完成该项操作。

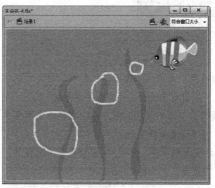

图4-54　选择线段

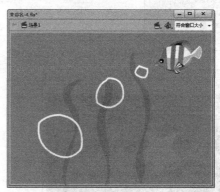

图4-55　平滑线段

用户还可以对图形进行更精确的平滑处理，选择需要平滑曲线的图形对象，如图 4-56 所示，执行"修改"→"形状"→"高级平滑"命令，弹出"高级平滑"对话框，如图 4-57 所示，在"高级平滑"对话框中可以设置参数进行平滑处理。

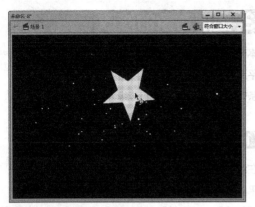

图4-56　选择图形

图4-57　"高级平滑"对话框

- 下方的平滑角度：选中该复选框，并在右侧的文本框中
  输入数值，可以设置选择图形下方的平滑角度。
- 上方的平滑角度：选中该复选框，并在右侧的文本框中
  输入数值，可以设置选择图形上方的平滑角度。
- 平滑强度：在文本框中输入数值，可以设置平滑的程度，
  数值越大，强度越大，如图4-58和图4-59所示。

图4-58　平滑强度为80

图4-59　平滑强度为100

4.3.2　对曲线进行伸直处理

　　在制作动画的过程中，用户可以对绘制完成的曲线
进行伸直处理。伸直处理可以稍微伸直已经绘制的线条
和和曲线，而不会影响已经伸直的线段。

　　选择需要伸直的线段，如图4-60所示，执行"修
改"→"形状"→"伸直"命令，即可使选择的线段更
加平直，如图4-61所示。也可以单击工具箱中的"伸直"
按钮，完成该项操作。

图4-60　选择线段

图4-61　伸直线段

　　用户还可以对图形进行更精确地伸直处理，选择需要伸直曲线的图形对象，如图4-62所示，执行"修改"→"形状"→"高级伸直"命令，弹出"高级伸直"对话框，如图4-63所示，在该对话框中可以精确控制伸直的强度。

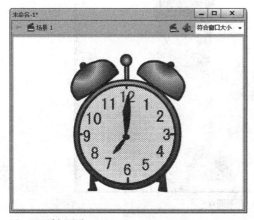

图4-62　选择图形

图4-63　"高级伸直"对话框

● 伸直强度：用来设置线段伸直的强度。数值越大，效果越明显，如图4-64和图4-65所示。

图4-64　伸直强度为50

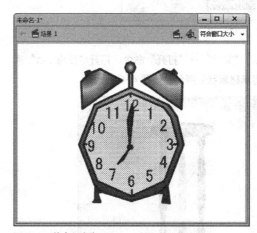

图4-65　伸直强度为100

4.3.3 课堂范例——制作沙漏动画

源文件路径	素材/第4章/4.3.3课堂范例——制作沙漏动画
视频路径	视频/第4章/4.3.3课堂范例——制作沙漏动画.mp4
难易程度	★★

01 启动 Flash CS6 软件，执行"文件"→"新建"命令，新建一个文档（宽500像素，高600像素），如图4-66所示。

02 执行"插入"→"新建元件"命令，新建一个元件命名为"沙漏"，类型为"影片剪辑"，如图4-67所示。再次新建一个元件，命名为"沙漏旋转"，类型为"影片剪辑"。

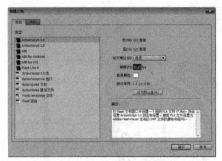

图4-66 "新建文档"对话框

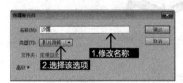

图4-67 创建新元件

03 执行"文件"→"打开"命令,打开"沙漏.fla"素材,将素材复制到舞台,如图4-68所示。

图4-68 复制"沙漏"素材

04 新建一个图层,命令为"沙子",再次执行"插入"→"新建元件"命令,新建一个的元件,命名为"沙子",类型为"影片剪辑"。

05 选中第2帧,按F6键插入关键帧,将窗口放大,使用"刷子工具"在舞台中绘制圆点,如图4-69所示。

06 选中第3帧、第4帧,分别插入关键帧,同样绘制

圆点,如图4-70所示。

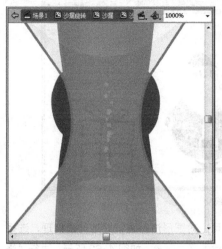

图4-69 绘制圆点

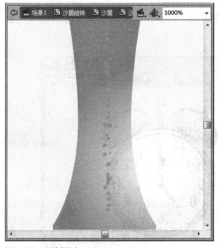

图4-70 绘制圆点

07 选中第5帧,插入关键帧,使用"钢笔工具"在舞台中绘制一个三角形,并填充颜色,选中绘制的三角形的边线,执行"修改"→"形状"→"将线条转换为填充"命令,如图4-71所示。

08 选中第297帧,插入关键帧,使用"任意变形工具"将三角形扩大,如图4-72所示。在第5~297帧之间创建补间形状,如图4-73所示。

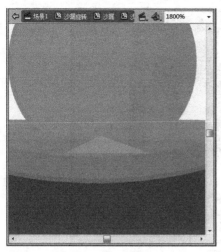

图4-71 绘制图形

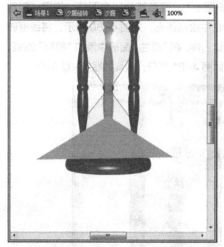

图4-72 放大图形

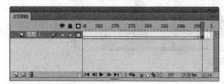

图4-73 创建补间形状

09 选中第298帧、第302帧、第314帧，插入关键帧，选中第314帧，使用"钢笔工具"在舞台中绘制一个图形，如图4-74所示。

10 选中第302~314帧，创建补间形状。再使用同样的方法在沙漏上方也绘制图形，并制作动画，如图4-95和图4-76所示。

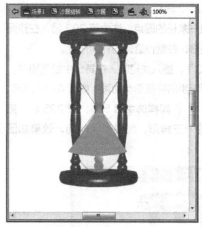

图4-74 绘制图形

图4-75 绘制图形

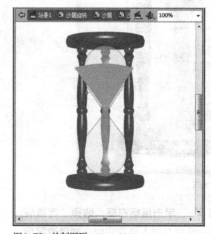

图4-76 绘制图形

11 新建"图层2"，同样绘制三角形，并选中第5帧，在沙漏中间绘制一条长的圆点。选中第302帧，在沙漏底部绘制一个矩形，并制作透明的补间形状。

12 新建"图层3"，插入关建帧，在舞台中绘制矩形，并制作与三角形同步的补间形状动画，如图4-77所示。

13 新建"图层4"，同样选中第5帧、第296帧，插入关键帧，并绘制三角形，创建形状补间，效果如图4-78所示。

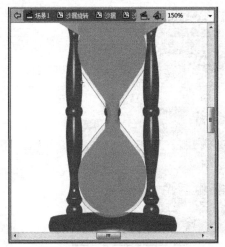

图4-79 绘制图形

15 新建"图层6"，隐藏其他所有图层，使用"钢笔工具"在舞台中绘制线框，如图4-80所示。将线框转换为影片剪辑元件，在"属性"面板中添加"模糊"滤镜，设置参数，如图4-81所示，效果如图4-82所示。

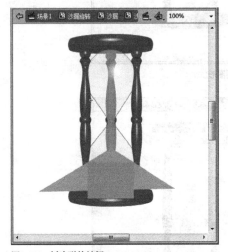

图4-77 创建形状补间

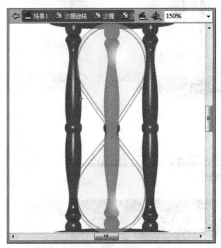

图4-80 绘制线框

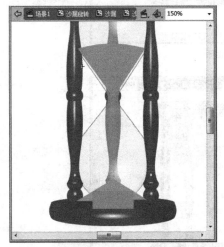

图4-78 创建形状补间

14 新建"图层5"，单击鼠标右键，选择"遮罩层"选项，将图层1~图层3放入遮罩层中。选择遮罩层，使用"钢笔工具"在舞台中绘制一个图形，如图4-79所示。

图4-81 添加"模糊"滤镜

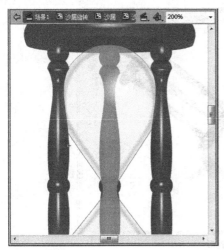

图4-82　滤镜效果

16 新建一个图层，选中第301帧，插入关键帧。执行"窗口"→"动作"命令，打开"动作"面板，添加代码，如图4-83所示。在第302帧插入关键帧，添加代码，如图4-84所示。

图4-83　添加代码

图4-84　添加代码

17 打开"沙漏旋转"元件，在"库"面板中将"沙漏"元件拖入舞台中。新建一个图层，命名为"倒影"，按住Alt键单击沙漏图形，复制舞台中的沙漏，如图4-85所示。

图4-85　调整色调

18 沙漏倒影部分的显示应该是一个逐渐模糊的效果，如图4-86所示。要制作这样的效果，可以绘制一个矩形进行遮盖，然后对这个矩形添加半透明的线性渐变填充来完成。执行"窗口"→"颜色"命令，打开"颜色"面板，设置填充颜色类型为线性渐变，渐变颜色由纯白（R255，R255，R255）至全透明，如图4-87所示。

图4-86　沙漏倒影的正确显示效果

图4-87　设置渐变效果

19 再次新建图层，绘制一个矩形，将矩形移动至舞台下方复制的沙漏图形上，使用"渐变变形工具"调整渐变的位置，如图4-88所示。

105

20 将矩形转换为元件，用绘制的半透明矩形遮盖复制的沙漏图形，制作沙漏的倒影效果，如图 4-89 所示。

图4-88　创建用于遮盖的矩形

图4-89　倒影效果

21 选择"图层 1"和"倒影"图层，分别插入关键帧，旋转沙漏和倒影，制作逐帧动画，效果如图 4-90 所示。

22 新建图层，打开"动作"面板，添加代码，如图 4-91 所示。

23 返回"场景 1"，新建"图层 2"，在舞台中输入文字"单击沙漏重置"，如图 4-92 所示。

图4-90　旋转图形

图4-91　添加代码

图4-92　输入文字

24 完成该动画的制作，按 Ctrl+Enter 快捷键测试动画效果，如图 4-93 所示。

图4-93 测试动画效果

4.4 图形对象的合并

在 Flash CS6 中，用户可以通过合并对象改变现有对象，从而创建新形状。在一些特殊的情况下，所选对象的堆叠顺序决定了合并操作的方式。

"合并对象"的子命令都应用于特定类型的图形对象。执行"修改"→"合并对象"命令，可以打开其子菜单。合并形状是用设置为"绘制"模式的工具所绘制的形状。合并对象包括联合、交集、打孔及裁切 4 种操作方式。

4.4.1 图形对象的联合操作

在运用 Flash CS6 制作动画的过程中，用户如果需要同时对多个图形对象进行编辑，选择两个或多个图形对象后，可以将选择的图形对象合并成单个的形状。

使用"选择工具"，选择需要联合的图形对象，如图 4-94 所示。执行"修改"→"合并对象"→"联合"命令，即可联合选择的图形对象，如图 4-95 所示。

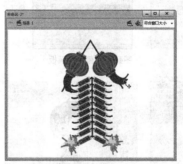

图4-94 选择图形

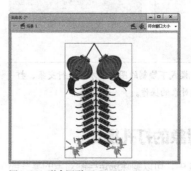

图4-95 联合图形

"联合"操作将生成一个"对象绘制"模式形状，它由联合前面形状上所有可见的部分组成。将删除形状上不可见的重叠部分。

4.4.2 图形对象的交集操作

在 Flash CS6 中，可以通过创建两个或多个对象的交集对象来改变现有对象，从而创造新的图形形状。

选择需要交集的图形对象，如图 4-96 所示，在"颜色"面板中设置相应的选项，如图 4-97 所示。选取工具箱中的"椭圆工具"，在舞台中绘制一个椭圆，如图 4-98 所示。选择舞台中两个需要交集的图形，执行"修改"→"合并对象"→"交集"命令，即可交集选择对象，如图 4-99 所示。

图4-96　选择图形

图4-97 "颜色"面板

图4-98　绘制图形

图4-99　交集选择对象

提示

只有在"对象绘制"模式下绘制的图形，才能进行交集、打孔和裁切等合并图形对象的操作。

4.4.3 图形对象的打孔操作

在 Flash CS6 中，可以删除选定绘制对象的某些部分，这些部分由该对象与排在该对象前面的另一个选定绘制对象的重叠部分决定。该操作将删除绘制对象中由最上面的对象所覆盖的所有部分，同时完全删除最上面

的对象，所得到的对象仍是独立的，不会合并为单个对象。

选择需要打孔的图形对象，如图 4-100 所示，绘制一个图形，如图 4-101 所示，绘制另一个图形，更改填充颜色，如图 4-102 所示，同时选择两个图形，执行"修改"→"合并对象"→"打孔"命令，可以将选择的图形对象打孔，如图 4-103 所示。

图4-100　选择图形

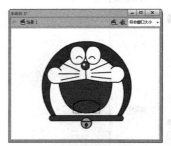

图4-101　绘制图形

图4-102　绘制图形

图4-103　图形打孔

4.4.4 图形对象的裁切操作

在 Flash CS6 中，可以使用一个绘制对象的轮廓裁切另一个绘制对象。前面或最上面的对象决定裁切区域的形状，在操作时会保留下层对象中与最上面的对象重叠的所有部分，删除下层对象的所有其他部分，同时完全删除最上面的对象。所得到的对象仍是独立的，不会合并为单个对象，如图 4-104 所示。

图4-104　裁切图形

4.4.5 课堂范例——制作涂鸦画笔动画

源文件路径	素材/第4章/4.4.5课堂范例——制作涂鸦画笔动画
视 频 路 径	视频/第4章/4.4.5课堂范例——制作涂鸦画笔动画.mp4
难 易 程 度	★★★

01 启动 Flash CS6 软件，执行"文件"→"新建"命令，新建一个文档（宽 475 像素，高 700 像素），如图 4-105 所示。

图4-105　"新建文档"对话框

02 执行"插入"→"新建元件"命令，新建一个"影片剪辑"的元件，命名为"涂鸦画笔"。

03 使用"矩形工具"在舞台中绘制长方条，如图 4-106 所示。

图4-106　绘制长方条

04 新建"图层 2"，单击鼠标右键，选择"遮罩层"选项，在舞台中绘制一个矩形，如图 4-107 所示，并制作补间形状。

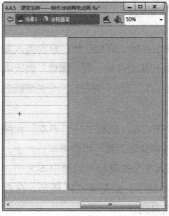

图4-107　绘制矩形

05 新建"图层3"，选中第140帧，按F6插入关键帧，使用"铅笔工具"在舞台中绘制喷墨图形并填充颜色，如图4-108所示，复制多个图形，更改颜色，如图4-109所示。

图4-108　绘制图形

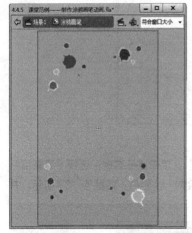

图4-109　复制图形

06 选中第140帧、第159帧、第160帧，分别插入关键帧，再选中第140帧和第159帧，在"属性"面板中分别设置"Alpha"值为0、95%，并在这两个关键帧之间的创建传统补间。

07 新建"图层4"，在"库"面板中将"书本"元件拖入舞台中，使用"任意变形工具"调整书本的大小，如图4-110所示，插入多个关键帧并调整书本大小，选中第25帧，将书本缩小，如图4-111所示，在各个关键帧之间创建传统补间。

08 双击"书本"元件，进入影片剪辑的编辑状态，制作书本翻页动画，如图4-112所示。

图4-110　导入"书本"素材

图4-111　调整图形

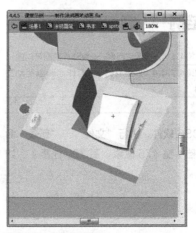

图4-112　制作翻页动画

09 新建"图层5"，选中第45帧插入关键帧，使用"钢笔工具"在舞台中绘制图形并填充渐变颜色，如图4-113所示，将图形转换为元件。

图4-113　绘制图形

10 在第45~58帧之间插入关键帧，选中第45帧，将图形缩小，并在每个关键帧之间创建传统补间，如图4-114所示。

图4-114　创建传统补间

11 新建"图层6"，选中第50帧，使用"刷子工具"在舞台中绘制多个回形针图形并填充颜色，如图4-115所示，创建传统补间制作补间动画。

12 再次新建一个"图层7"，选中第75帧插入关键帧，单击"对象绘制"按钮，在舞台中绘制两个图形，如图

4-116所示。选择两个图形，执行"修改"→"合并对象"→"裁切"命令，裁切图形对象，如图4-117所示。

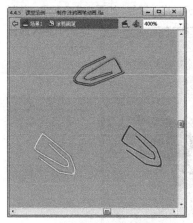

图4-115　绘制回形针

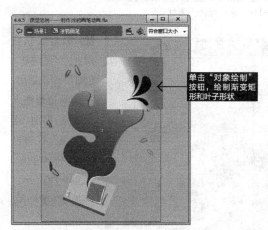

单击"对象绘制"按钮，绘制渐变矩形和叶子形状

图4-116　绘制图形

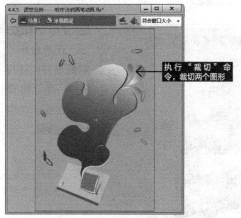

执行"裁切"命令，裁切两个图形

图4-117　裁切图形

13 创建多个关键帧，制作图形弹出的补间动画。

14 新建"图层8"，选中第54帧插入关键帧，在"库"面板中将"黑板"元件拖入舞台，如图 4-118 所示，并制作从小到大的补间动画。

图4-118　导入"黑板"素材

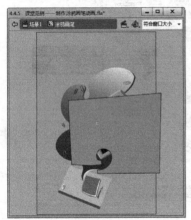

图4-119　创建遮罩层

15 单击鼠标右键，为"图层8"创建一个遮罩层，在相同位置插入关键帧，使用"钢笔工具"在舞台中绘制一个图形，如图4-119所示，并逐帧调整大小。

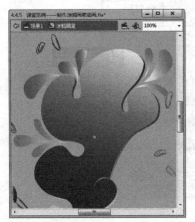

图4-120　绘制图形

16 使用同样的方法，在舞台中绘制图形并创建传统补间，如图4-120 所示，制作弹出效果。

17 新建多个图层，执行"文件"→"打开"命令，打开"文具.fla"素材，复制多个素材到舞台，如图 4-121 所示。

18 分别在每个图层制作图形的补间动画，如图4-122所示，效果如图4-123所示。

图4-121　复制多个素材

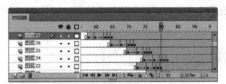

图4-122　创建传统补间

图4-123　补间动画效果

19 新建"图层38"，在舞台中再次绘制图形并创建传统补间，如图 4-124 所示，制作新的黑板弹出动画与遮罩层。

20 创建一个"活动层"，打开"动作"面板，添加代码，如图 4-125 所示。

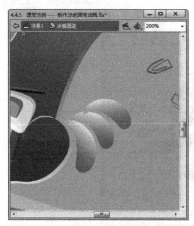

图4-124 绘制图形

图4-125 添加代码

21 完成该动画的制作，按Ctrl+Enter快捷键测试动画效果，如图4-126所示。

图4-126 测试动画效果

图4-126 测试动画效果（续）

4.5 图形对象的分离

在Flash CS6中，常需要用到"分离"命令，用来分离动画中的各种对象，包括创建的文本和导入的位图。本节详细介绍分离图形对象的方法。

4.5.1 文本的分离

在运用Flash CS6制作动画的过程中，常需要分离文本，将每个字符放在单独的文本块中，以方便制作每个文本块中的动画。除此之外，还可以将文本块转换为组合的线条和填充，以执行改变形状、擦除和其他操作。如同其他形状一样，可以单独将这些转换后的线条和填充分组，或更改为元件并制作成动画。

分离文本的方法很简单，用户只需在舞台中选择需要分离的文本对象，执行"修改"→"分离"命令，将文本对象分离，再次执行"修改"→"分离"命令，即可将文本对象分离为图形，如图4-127所示。

图4-127 分离文本

图4-127 分离文本（续）

提示

不建议在Flash中分离动画元件或插补动画内的组，这可能产生无法预料的结果。分离复杂的元件和长文本块需要很长时间，若要正确分离复杂对象，需要增加应用程序的内存分配。

4.5.2 位图的分离

在运用 Flash CS6 制作动画的过程中，用户将位图添加到文档后，它是作为一个对象存在的，用户只能使用任意变形工具对其进行变形，无法对其局部进行编辑。如果需要对位图进行简单的编辑，可以使用"分离"命令，分离后的位图将图像中的像素分散到区域中，用户可以选择这些区域并对其进行编辑。

在舞台中选择需要分离的位图图像，执行"修改"→"分离"命令，即可将选择的位图分离，如图 4-128 所示。

图4-128 位图分离

图4-128 位图分离（续）

4.5.3 课堂范例——制作橙子农场宣传片头

源文件路径	素材/第4章/4.5.3课堂范例——制作橙子农场宣传片头
视频路径	视频/第4章/4.5.3课堂范例——制作橙子农场宣传片头.mp4
难易程度	★★

01 启动 Flash CS6 软件，执行"文件"→"新建"命令，新建一个文档（宽 290 像素，高 250 像素），如图 4-129 所示。

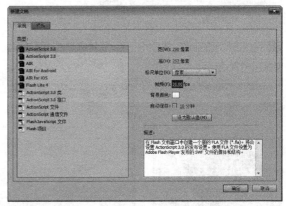

图4-129 "新建文档"对话框

02 使用"矩形工具"在舞台中绘制一个矩形，并填充径向渐变，如图 4-130 所示。按 F6 键插入关键帧，创建传统补间。

03 选中第16帧，按F6键插入关键帧，将矩形缩小。选中第122帧，插入关键帧，并更改填充颜色，如图 4-131 所示。

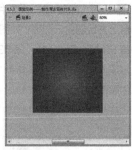

图4-130 绘制渐变矩形　　　图4-131 更改颜色

04 新建"图层2"，使用绘图工具，在舞台中绘制一个橙子，并转换为元件，如图4-132所示。

图4-132 绘制橙子

05 选中第64帧，插入关键帧，并在舞台中绘制白云，移动位置后创建传统补间，如图4-133所示。

06 选中第125帧，插入关键帧，复制橙子到舞台，去除橙子的叶子，制作变形动画，图4-134所示。

图4-133 绘制白云　　　图4-134 制作变形动画

07 新建两个图层，在"库"面板中将"水果篮"元件拖入舞台中，如图4-135所示，并制作向下移动的补间动画，如图4-136所示。

图4-135 导入"水果篮"素材

图4-136 创建传统补间

08 新建"图层5"，选中第3帧，插入关键帧，在舞台中绘制一只手，如图4-137所示，转换为元件，命名为"手"。并制作手拿橙子的补间动画，如图4-138所示。

图4-137 绘制"手"　　　图4-138 制作补间动画

09 新建"图层6"，在"库"面板中将"水果篮"元件拖入舞台中，并在水果篮图形的上方绘制一个热气球，如图 4-139 所示，创建传统补间，制作热气球上升动画。

10 再次新建"图层7"和"图层8"，分别复制"橙子"和"手"元件，制作橙子从手中掉落的动画，如图 4-140 和图 4-141 所示。

11 新建"图层9"，再次从"库"面板中将"水果篮"元件拖入舞台中，单击"水果篮"元件，执行"修改"→"分离"命令，将图形分离，并删除篮子中的橙子，根据橙子掉落的位置适当移动图形，如图 4-142 所示。制作橙子向下掉落补间动画。

图4-139 制作热气球

图4-140 补间动画效果

图4-141 补间动画效果

图4-142 移动图形

12 新建"图层10"和"图层11"，分别在第 64 帧、第 69 帧插入关键帧，并使用"钢笔工具"绘制不同形状的白云，制作左右移动的补间动画，如图 4-143 所示。

图4-143 绘制白云

13 新建"图层12"，选中第 44 帧，插入关键帧，在舞台上方绘制白云图形，如图 4-144 所示。选中第 51 帧、第 58 帧、第 62 帧、第 63 帧，向下移动白云图形，直至逐渐遮盖舞台，如图 4-145 所示，在每个关键帧之间创建传统补间。

图4-144 绘制白云

图4-145 移动图形

14 选中第 73 帧，插入关键帧，将"热气球"元件拖入舞台，放大图形，如图 4-146 所示，制作相同的补间动画。

图4-146 放大图形

15 新建"图层13"，选中第 63 帧，复制"图层12"的白云图形，继续制作白云向下移动的补间动画。

16 选中第 101 帧，将"橙子"元件插入舞台中，并制作橙子从热气球向下掉落的补间动画，如图 4-147 所示。

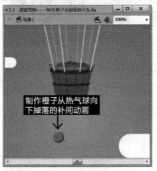

图4-147 创建传统补间

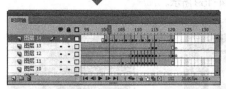

图4-147 创建传统补间（续）

17 新建"图层14"，命令为"文字1"，选中第53帧，插入关键帧，在舞台中输入文字"品质果肉 美味领鲜"，如图4-148所示，选中第56帧、第57帧、第65帧、第68帧，分别插入关键帧，制作文字渐渐显示的补间动画。

18 在此输入文字，如图4-149所示，插入关键帧，将文字稍微变形。新建"图层17"，单击鼠标右键，选择"遮罩层"选项，并制作文字遮罩补间动画，如图4-150所示。

图4-148 输入文字　　　　图4-149 输入文字

图4-150 制作文字遮罩补间动画

19 新建多个图层，绘制边框和播放按钮，如图4-151所示。新建一个活动图层，选中第1帧和第2帧分别插入关键帧，执行"窗口"→"动作"命令，打开"动作"面板，分别添加代码，如图4-152和图4-153所示。

图4-151 绘制图形

图4-152 添加代码　　　　图4-153 添加代码

20 完成该动画的制作，按Ctrl+Enter快捷键测试动画效果，如图4-154所示。

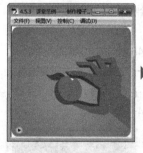

图4-154 测试动画效果

4.6 综合训练——制作橙汁封装生产线动画

源文件路径	素材/第4章/4.6综合训练——制作橙汁封装生产线动画
视 频 路 径	视频/第4章/4.6综合训练——制作橙汁封装生产线动画.mp4
难 易 程 度	★★★

01 启动 Flash CS6 软件，执行"文件"→"新建"命令，新建一个文档（宽 550 像素，高 400 像素），如图 4-155 所示。

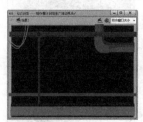

图4-155　"新建文档"对话框

02 使用绘图工具在舞台中绘制图形，制作生产背景，如图 4-156 所示。

03 新建"图层2"，选中第 48 帧，按 F6 键插入关键帧，使用铅笔工具在舞台中绘制一个空瓶子，选中所有线段，执行"修改"→"形状"→"平滑"命令，使线段更平滑，绘制并填充高光区域，如图 4-157 所示。

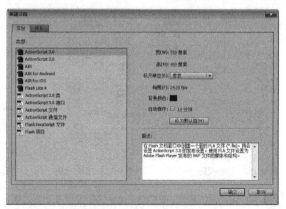

图4-156　制作背景　　　　图4-157　绘制瓶子

04 在舞台中继续绘制另一个瓶子，在瓶中填充橘色，如图 4-158 所示。

05 选中舞台中的两个瓶子，按 F8 键，将两个瓶子转换为元件，如图 4-159 所示。

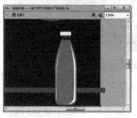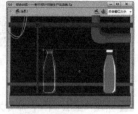

图4-158　填充颜色　　　　图4-159　转换为元件

06 选中第 56 帧、第 75 帧，将元件向右移动，并创建传统补间，如图 4-160 所示。

图4-160　创建传统补间

07 新建"图层3"，复制"图层2"中的瓶子，并填充橘色。同样将瓶子选中，转换为元件，如图 4-161 所示。制作向右移动的补间动画。

08 新建两个图层，复制一个空瓶子到舞台，插入多个关键帧，并绘制橙汁流动的图形形状，如图 4-162 所示。

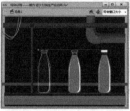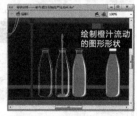

图4-161　转换为元件　　　　图4-162　绘制图形

09 继续插入关键帧，并绘制图形，制作橙汁倒入瓶中的动画，效果如图 4-163 和图 4-164 所示。

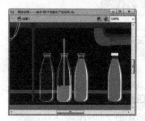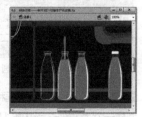

图4-163　绘制图形　　　　图4-164　绘制图形

10 制作完橙汁倒入动画后，将所有瓶子选中并转换为元件，同样制作向右移动的补间动画。

11 再次新建一个图层，复制多个瓶子到舞台中，移动到适当的位置，选中所的有瓶子元件，执行"修改"→"组合"命令，组合所有的瓶子，如图4-165所示。制作向右移动的补间动画。

12 新建图层，使用"矩形工具"，在舞台中绘制一个矩形，并填充渐变颜色，将矩形图形转换为元件，如图4-166所示。

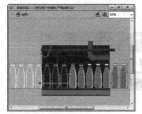 

图4-165　组合图形　　　　图4-166　绘制矩形

13 选中第41帧、第48帧，插入关键帧，将矩形向下移动，如图4-167所示。选中第55帧，插入关键帧，将矩形向上移动，并在瓶口绘制一个白色盖子，如图4-168所示，在所有关键帧之间创建传统补间。

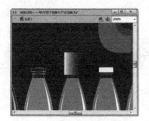 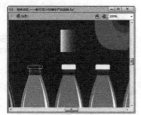

图4-167　移动图形　　　　图4-168　移动图形

14 新建"图层10"，在舞台中绘制管道图形，并转换为元件，如图4-169所示。

15 新建"图层11"，在舞台中绘制一个表盘，再新建图层"12"，在舞台中绘制指针，制作指针旋转的补间动画，如图4-170所示。

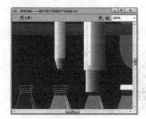 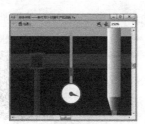

图4-169　绘制图形　　　　图4-170　制作补间动画

16 完成该动画的制作，按Ctrl+Enter快捷键测试动画效果，如图4-171所示。

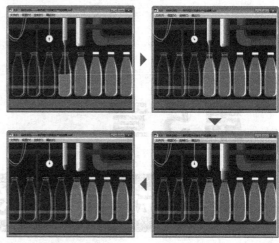

图4-171　测试动画效果

4.7 课后习题

◆**习题：**使用快速复制的技巧和脚本代码，以及运用色彩效果，制作避开鼠标特效，如图4-172所示。

源文件路径	素材/第4章/4.7/习题——制作避开鼠标特效
视频路径	视频/第4章/4.7/习题——制作避开鼠标特效. mp4
难易程度	★★★

图4-172　习题——制作避开鼠标特效

心得笔记

_____

_____

_____

_____

_____

_____

_____

本章视频时长
80 分钟

第 5 章

动画图形的填充和描边

世界是五颜六色、丰富多彩的，颜色可以表达作品的主题思想，给人以视觉冲击力。在 Flash CS6 中提供了多种填充或描绘动画图形的工具、按钮及面板，可以制作出不同的填充与描边效果。本章主要介绍使用填充与描边按钮、"颜色"面板及"样本"面板的操作方法。

本章学习目标

- "颜色"面板的运用
- "样本"面板的运用

本章重点内容

- 填充与描边按钮的运用

扫 码 看 课 件　　扫 码 看 视 频

5.1 填充与描边按钮的运用

在 Flash CS6 中，绘制完矢量图形的轮廓线条后，通常还需要为图形填充相应的颜色。适当的颜色填充，不但可以使图形更加精美，而且对于线条中出现的细小失误也具有一定的修补作用。工具箱颜色区域中的各种按钮决定了要绘制图形的笔触颜色、笔触大小、线性样式及填充颜色等。本节主要介绍填充与描边按钮的使用。

5.1.1 笔触颜色的设置

在 Flash CS6 中，系统提供了不同的笔触颜色，用户可以根据实际需要设置相应的笔触颜色。

单击工具箱中的选择工具，选择需要设置笔触颜色的图形，如图 5-1 所示，在"属性"面板中的"填充和笔触"选项区单击"笔触颜色"色块，设置颜色，如图 5-2 所示，即可更改笔触颜色，如图 5-3 所示。

图5-1 选择笔触

图5-2 "属性"面板

图5-3 修改笔触颜色

如果预先设置的颜色不能满足用户的需求，可以单击该面板右上角的自定义颜色按钮，如图 5-4 所示，在弹出的"颜色"对话框中设置笔触颜色，如图 5-5 所示。

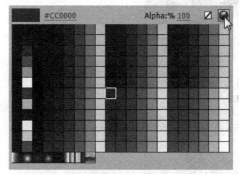

图5-4 选择"自定义颜色"按钮

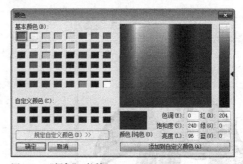

图5-5 "颜色"对话框

5.1.2 笔触大小的设置

在 Flash CS6 中不仅可以设置笔触颜色，还可以根据需要设置笔触的大小，从而让图形达到更好的效果。

单击"选择工具"，选择需要设置笔触大小的图形，如图 5-6 所示，在"属性"面板中的"填充和笔触"选项区中，拖动"笔触"选项右侧的滑块设置图形的笔触大小，如图 5-7 所示，效果如图 5-8 所示。

图5-6 选择图形

图5-7 拖动滑块

图5-8 调整笔触大小

5.1.3 线性样式的设置

在Flash CS6 中，系统提供了多种线性样式，如虚线、

点刻线及斑马线等，用户可以根据实际需要设置相应的线性样式。设置线性样式的方法很简单，只需选择需要设置线性样式的图形，然后在"属性"面板的"填充和笔触"选项区中，单击"样式"右侧的下拉按钮，在弹出的列表框中选择"点刻线"选项，即可将选择图形的线性样式设置为点刻线，如图 5-9 所示。

图5-9 设置点刻线

5.1.4 填充颜色的设置

在 Flash CS6 中，制作动画时常常需要用到填充颜色，用户可以根据自己的需要来选择图形的填充颜色。

设置图形填充颜色的方法很简单，用户只需选择需要设置填充颜色的图形，如图 5-10 所示，在"属性"面板中的"填充和笔触"选项区中，单击"填充颜色"色块，在弹出的颜色面板中选择相应的颜色，如图 5-11 所示，即可为选择的图形填充颜色，如图 5-12 所示。

图5-10 选择图形

图5-11 "属性"面板

图5-12 填充颜色

除了运用以上方法可以设置填充颜色外，还可以通过以下两种方法设置。

● 工具箱：选择需要填充颜色的图形，在工具箱中单击"填充颜色"色块，在弹出的颜色面板中选择需要的颜色。
● "颜色"面板：执行"窗口"→"颜色"命令，打开"颜色"面板，在"颜色"面板中，单击"填充颜色"色块，在弹出的颜色面板中选择需要的颜色即可。

5.1.5 课堂范例——制作打台球动画

源文件路径	素材/第5章/5.1.5课堂范例——制作打台球动画
视频路径	视频/第5章/5.1.5课堂范例——制作打台球动画. mp4
难易程度	★★

01 启动 Flash CS6 软件，执行"文件"→"新建"命令，新建一个文档（宽 550 像素，高 300 像素），如图 5-13 所示。

02 使用"矩形工具"在舞台中绘制一个 513 像素 ×238 像素 的灰色矩形，使用"椭圆工具"在矩形四周绘制圆

形，再在矩形的中心位置绘制一个较小的矩形，修改填充颜色为绿色，绘制一个台球桌，如图 5-14 所示。

03 选中舞台中所有图形，按F8 键，将图形转换为元件，命名为"台球桌"。

图5-13 "新建文档"对话框

图5-14 绘制台球桌

04 新建"图层 2"，使用"椭圆工具"在舞台中绘制一个圆形。执行"窗口"→"颜色"命令，打开"颜色"面板，设置填充颜色，如图 5-15 所示。为圆形填充径向渐变，并使用"渐变变形工具"调整渐变方向，如图 5-16 所示。

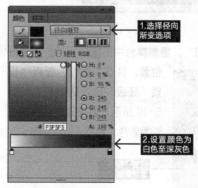

图5-15 "颜色"面板

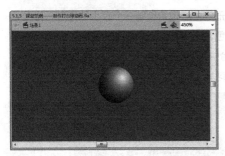

图5-16 填充径向渐变

05 将圆形转换为元件，使用"选择工具"单击舞台中的圆形，在"属性"面板中设置"色彩效果"选项中的"样式"下拉面板中，设置"高级"选项的参数，如图5-17所示。调整元件的色调，如图5-18所示。

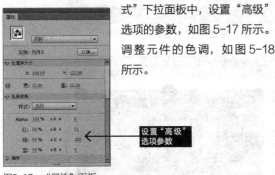

图5-17 "属性"面板

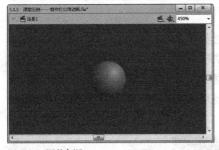

图5-18 调整色调

06 新建"图层3"，复制舞台中的圆形元件，调整好位置，并在"属性"面板中设置"高级"选项的参数，如图5-19所示，调整圆形元件的色调为紫色，如图5-20所示。

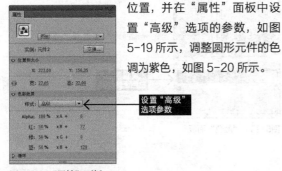

图5-19 "属性"面板

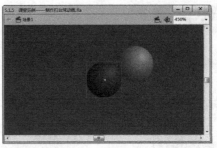

图5-20 调整色调

07 再次新建图层，复制一个元件图形，并调整色调参数，如图5-21所示。

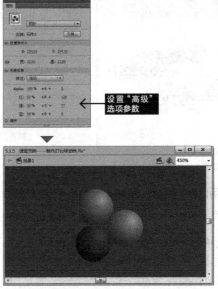

图5-21 调整色调

08 再将圆形复制两次，分别设置为黑白色调，调整位置，摆放至台球桌上，如图5-22所示。

09 在所有台球所在图层插入多个关键帧，移动位置并创建传统补间，如图5-23所示

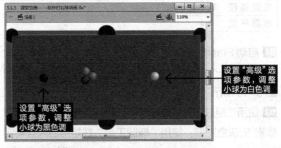

图5-22 移动位置

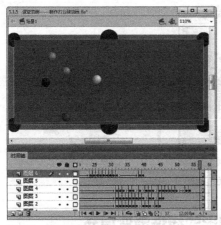

图5-23　创建传统补间

10 新建"图层7"，使用"矩形工具"在舞台中绘制一个球杆的形状，并填充渐变颜色，如图 5-24 所示。

11 将球杆图形转换为元件，选中第1帧、第5帧、第10帧、第13帧、第16帧、第20帧、第22帧、第23帧，按 F6 键插入关键帧，并将球杆左右移动，在每个关键帧之间创建传统补间，如图 5-25 所示。

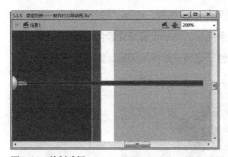

图5-24　绘制球杆

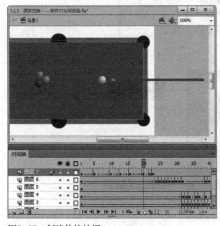

图5-25　创建传统补间

12 完成该动画的制作，按 Ctrl+Enter 快捷键测试动画效果，如图 5-26 所示。

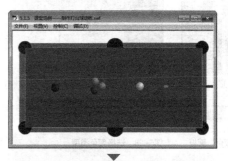

图5-26　测试动画效果

5.2 "颜色"面板的运用

在 Flash CS6 中，工具箱提供的颜色大多是单一的颜色，并不能满足用户对色彩的需求。这时，可以使用 Flash CS6 提供的"颜色"面板来获取颜色。在填充图形时，可以选择纯色填充、线性渐变填充、径向渐变填充及位图填充等方式，还可以设置颜色的 Alpha 值。

5.2.1 "颜色"面板的启动

"颜色"面板在 Flash 动画中较为常用。"颜色"面板主要用来设置图形的笔触颜色、填充颜色及透明度等。

执行"窗口"→"颜色"命令，或按快捷键 Alt+Shift+F9，打开"颜色"面板，如图 5-27 所示。Flash 默认的"颜色类型"为"纯色"，单击"颜色类型"右侧的下拉按钮，在弹出的列表框中，可以选择不同的填充类型，如图 5-28 所示。

图5-27 "颜色"面板

图5-28 选择颜色类型

图5-30 "颜色"面板

图5-31 纯色填充

- 笔触颜色：用于设置图形对象的笔触或边框的颜色。
- 填充颜色：用于设置图形对象的填充颜色。
- 黑白：单击该按钮可返回到默认颜色设置，即黑色笔触和白色填充。
- 无色：单击该按钮可将填充颜色和笔触颜色设置为无。
- 交换颜色：单击该按钮可将当前笔触颜色和填充颜色交换。
- 颜色类型：该选项用于设置笔触颜色或填充颜色的应用类型，下拉列表中包括"无""纯色""线性渐变""径向渐变"和"位图填充"5个选项。

5.2.2 图形的纯色填充

在 Flash CS6 中，纯色模式是指单一的填充一种颜色。应用该模式对选择对象的笔触或填充颜色进行编辑时，只要选择一种合适的颜色即可。

选取工具箱中的"选择工具"，选择需要设置纯色填充的图形，如图 5-29 所示。在"颜色"面板中设置需要的颜色，如图 5-30 所示，即可使用纯色填充选择的图形，如图 5-31 所示。

图5-29 选择图形

5.2.3 图形的线性渐变填充

线性渐变可以使颜色从起点到终点沿直线逐渐变化，产生一种过滤效果。用户可以为选择的对象指定一种渐变色，或选择图形的填充颜色进行编辑，以达到完美的效果。

选择需要设置线性渐变的图形，如图 5-32 所示，执行"窗口"→"颜色"命令，打开"颜色"面板，单击"颜色类型"下拉列表，选择"线性渐变"选项，分别单击渐变条两端的色标设置渐变颜色，如图 5-33 所示，即可使用线性渐变填充选择的图形，如图 5-34 所示。

图5-32 选择图形

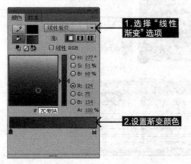
图5-33 "颜色"面板

图5-34　线性渐变填充

5.2.4 图形的径向渐变填充

径向渐变填充可以使用工具箱中的按钮和工具实现，也可以使用"属性"面板来实现。但在使用径向渐变填充制作变化丰富的线性渐变填充时，还需要结合"颜色"面板和填充变形工具来完成。

选择需要设置径向渐变的图形，如图 5-35 所示，执行"窗口"→"颜色"命令，打开"颜色"面板，单击"颜色类型"下拉列表，选择"径向渐变"选项，设置渐变条，如图 5-36 所示，即可径向渐变填充选择的图形，如图 5-37 所示。

图5-35　选择图形

图5-36　"颜色"面板　　图5-37　径向渐变填充

5.2.5 图形的位图填充

在 Flash CS6 中，位图填充是指选择当前文件中导入的位图图像作为填充颜色。位图填充可以使图形更形象。在导入填充的位图时，用户可以同时将多张位图图像导入"颜色"面板中，然后根据需要进行选择。

选择需要设置位图填充的图形，如图 5-38 所示。

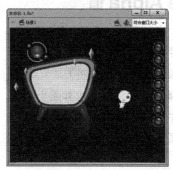

图5-38　选择图形

打开"颜色"面板，单击"颜色类型"下拉列表，选择"位图填充"选项，进入"位图填充"选项面板。单击"导入"按钮，如图 5-39 所示，弹出"导入到库"对话框，在其中选择需要导入的位图图像。

将选择的位图图像导入到"位图填充"选项面板中，选择需要的位图图形，如图 5-40 所示。即可使用位图填充选择的图形，如图 5-41 所示。

图5-39　"颜色"面板　　图5-40　选择位图

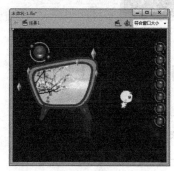

图5-41　位图填充

127

在"颜色"面板中要特别注意：若"笔触颜色"按钮处于启动状态，则所选填充类型是专门针对所选图形的轮廓进行填充；若"填充颜色"按钮处于启动状态，则所选填充类型是专门针对所选图形的填充区域进行填充。

5.2.6 设置颜色 Alpha 值

在 Flash CS6 中，有时需要改变图形对象的透明度。通过在"属性"面板中设置颜色的 Alpha 值，可以改变图形对象的透明度。设置颜色 Alpha 值的方法很简单，用户只需选择需要设置 Alpha 值的图形，如图 5-42 所示，在"属性"面板中滑动 Alpha 选项的滑块或手动输入 Alpha 值即可，如图 5-43 所示，图像效果如图 5-44 所示。

图5-42　选择图形

图5-43　"属性"面板

图5-44　Alpha值为50%

5.2.7 课堂范例——制作海上灯塔照射动画

源文件路径	素材/第5章/5.2.7课堂范例——制作海上灯塔照射动画
视频路径	视频/第5章/5.2.7课堂范例——制作海上灯塔照射动画.mp4
难易程度	★★

01 启动 Flash CS6 软件，执行"文件"→"新建"命令，新建一个文档（宽590像素，高300像素），如图 5-45 所示。

图5-45　"新建文档"对话框

02 执行"文件"→"导入"→"导入到舞台"命令，将素材"海上背景.png"导入到舞台，如图 5-46 所示。

图5-46　导入素材"海上背景"

03 执行"插入"→"新建元件"命令，新建一个名为"灯塔照射"的元件，类型为"影片剪辑"。

04 使用"钢笔工具"在舞台中绘制一个三角形，如图 5-47 所示，执行"窗口"→"颜色"命令，打开"颜色"面板，设置由透明色到白色（R255,G255,B255）再到透明色的线性渐变，如图 5-48 所示。

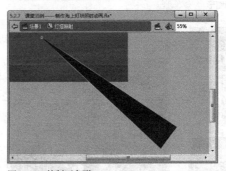

图5-47　绘制三角形

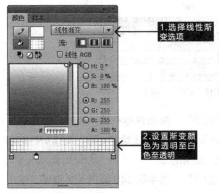

图5-48 "颜色"面板

05 使用"油漆桶工具"在三角形上单击,填充线性渐变,并使用"渐变变形工具"调整渐变位置,如图5-49所示。将图形转换为元件,并旋转扭曲图形制作光线转动的动画,如图5-50所示。

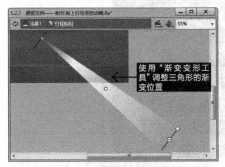

图5-49 调整渐变位置

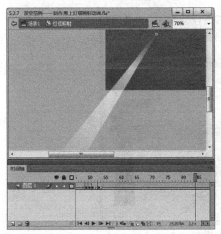

图5-50 制作光线转动动画

06 新建"图层2",选中第29帧、第51帧,按F6键插入关键帧。选中第51帧,使用椭圆工具在舞台中

绘制一个椭圆,如图5-51所示。

07 打开"颜色"面板,设置由透明度为52%的白色到透明色的径向渐变,如图5-52所示。将椭圆填充渐变色,使用"渐变变形工具"调整渐变位置,如图5-53所示。

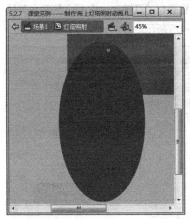

图5-51 绘制椭圆

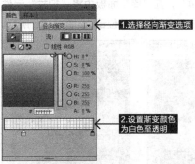

图5-52 "颜色"面板

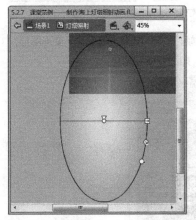

图5-53 调整渐变位置

08 将椭圆转换为元件,选中第72帧,按F6键插入关

键帧。将椭圆向左移动并单击，在"属性"面板的"样式"下拉列表中设置"Alpha"值为 0，如图 5-54 所示。在每个关键帧之间创建传统补间。

09 新建"图层 3"，执行"文件"→"导入"→"导入到舞台"命令，将素材"灯塔 .png"导入到舞台并转换为元件，如图 5-55 所示。

图5-54　椭圆元件Alpha值为0%

10 新建"图层 4"，在"库"面板中将"护栏"元件拖入到舞台中，并移动到合适的位置，如图 5-56 所示。

图5-55　导入素材"灯塔"　　图5-56　导入素材"护栏"

11 插入多个关键帧，使用"任意变形工具"变形图形，并创建传统补间，如图 5-57 所示。

图5-57　导入素材"灯塔"

图5-57　导入素材"灯塔"（续）

12 新建"图层 5"，单击鼠标右键，选择"遮罩层"选项，使用矩形工具在灯塔上绘制矩形，制作护栏的遮罩层，如图 5-58 所示。

13 新建"图层 6"，选中第 142 帧插入关键帧。使用同样的方法在舞台中绘制一个三角形，并填充白色到透明色的线性渐变，接着"图层 1"的光线继续制作光线照射动画，如图 5-59 所示。

图5-58　制作遮罩

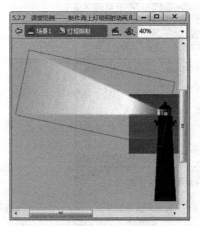

图5-59　制作光线照射动画

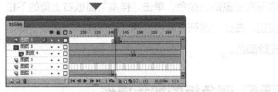

图5-59 制作光线照射动画（续）

14 新建"图层7"，选中第172帧插入关键帧，使用"椭圆工具"在灯塔顶部绘制一个圆形，打开"颜色"面板，适当设置不同透明度的径向渐变，如图5-60所示。

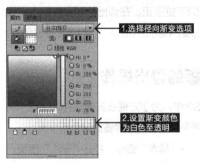

图5-60 设置径向渐变

15 为圆形填充径向渐变，并在圆形两侧绘制纯色的小圆，适当设置不透明度，制作光晕效果，并转换为元件，如图5-61所示。

图5-61 制作光晕效果

16 选中第172~229帧，插入多个关键帧，并调整光晕的不透明度和大小，在每个关键帧之间创建传统补间，制作灵活的光晕动画，如图5-62所示。

图5-62 制作光晕动画

17 返回"场景1"，完成该动画的制作，按Ctrl+Enter快捷键测试动画效果，如图5-63所示。

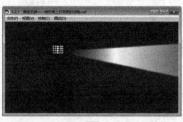

图5-63 测试动画效果

5.3 "样本"面板的运用

在 Flash CS6 中，"样本"面板提供了系统预设的颜色样本，用户可以直接在该面板中选择笔触和填充颜色。除此之外，在"样本"面板中还可以复制和删除颜色，以及加载、导入和导出调色板。

5.3.1 "样本"面板的启动

执行"窗口"→"样本"命令，打开"样本"面板，如图 5-64 所示。单击面板右上角的下拉按钮，可以弹出列表框，如图 5-65 所示。在弹出的列表框中用户可以根据需要对"样本"面板进行设置。

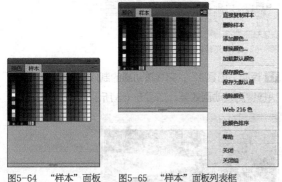

图5-64　"样本"面板　　图5-65　"样本"面板列表框

除了以上方法可以启动"样本"面板，还可以按 Ctrl+F9 快捷键快速启动。

5.3.2 颜色的复制

在 Flash CS6 中绘制图形对象时，如果需要填充相同的颜色，可以通过复制该颜色来完成。复制颜色的方法很简单，用户只需执行"窗口"→"样本"命令，打开"样本"面板，选择需要复制的颜色，并单击"样本"面板右上角的下拉按钮，在弹出的列表框中选择"直接复制样本"选项，即可复制颜色。

5.3.3 颜色的删除

当用户不需要某种颜色时，可以通过删除颜色来完成。执行"窗口"→"样本"命令，打开"样本"面板，

选择需要删除的颜色，单击"样本"面板右上角的下拉按钮，在弹出的列表框中选择"删除样本"选项，即可删除颜色。

5.3.4 调色板的加载操作

在 Flash CS6 中，可以通过加载调色板可以替换当前的调色板，或用默认调色板替换当前的调色板。

执行"窗口"→"样本"命令，打开"样本"面板，单击面板右上角的下拉按钮，在弹出的列表框中，选择"Web 216 色"选项，如图 5-66 所示，即可加载调色板。

5.3.5 调色板的导出操作

在 Flash CS6 中，为了方便在其他软件或文档中使用当前文档中的调色板，可以将需要的调色板导出。

执行"窗口"→"样本"命令，打开"样本"面板，在其中选择需要导出的颜色，如图 5-67 所示。单击"样本"面板右上角的下拉按钮，在弹出的列表框中，选择"保存颜色"选项，如图 5-68 所示。

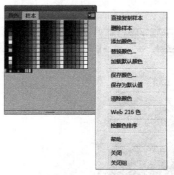
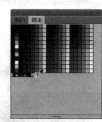

图5-66　选择"Web 216色"选项　　图5-67　选择颜色

图5-68　选择"保存颜色"选项

执行操作后，弹出"导出色样"对话框，设置保存路径和文件名称，单击"保存"按钮，即可将"样本"面板中的调色板导出到指定位置，并可在文件夹中查看导出的调色板，如图5-69所示。

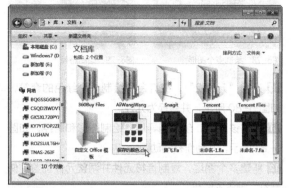

图5-69　导出调色板

5.3.6　调色板的导入操作

在Flash CS6中，也可以将外部的调色板导入文件中。单击"样本"面板右上角的下拉按钮，在弹出的列表中，选择"添加颜色"选项，如图5-70所示。弹出"导入色样"对话框，选择需要导入的调色板，单击"打开"按钮，即可将选择的调色板导入"样本"面板中，如图5-71所示。

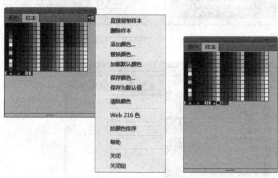

图5-70　选择"添加颜色"选项　　图5-71　导入调色板

提示

在Flash CS6中，用户若使用Flash颜色设置（CLR格式的文件），可以在Flash文件之间导入RGB颜色和渐变色；若使用颜色表文件（ACT格式的文件），可导入RGB调色板，但不能从ACT文件中导入渐变色。

5.3.7　课堂范例——制作音乐磁盘跳出音符动画

源文件路径	素材/第5章/5.3.7课堂范例——制作音乐磁盘跳出音符动画
视频路径	视频/第5章/5.3.7/课堂范例——制作音乐磁盘跳出音符动画.mp4
难易程度	★★

01 启动Flash CS6软件，执行"文件"→"新建"命令，新建一个文档（宽350像素，高250像素），如图5-72所示。

02 执行"插入"→"新建元件"命令，新建一个名为"音乐音符"的元件，类型为"影片剪辑"。

03 执行"文件"→"导入"→"导入到舞台"命令，将素材"音乐磁盘.png"导入到舞台，如图5-73所示。

图5-72　"新建文档"对话框

图5-73　导入素材"磁盘"

04 将磁盘素材转换为元件，双击该元件，进入元件编辑模式。新建"图层2"，复制一个"磁盘"元件到舞台。单击舞台中的元件，在"属性"面板设置"高级"选项的参数，如图5-74所示。

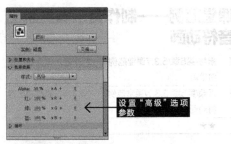

图5-74 设置"高级"参数

05 选中第 5 帧，按 F6 键插入两个关键帧，使用"任意变形工具"旋转图形，如图 5-75 所示，在两个关键帧之间创建传统补间。

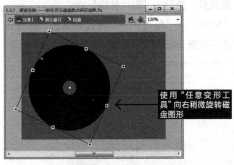

图5-75 旋转图形

06 继续插入关键帧，旋转图形，在每个关键帧之间创建传统补间。

07 返回"音乐音符"元件，使用"钢笔工具"在舞台中绘制一个音符图形，执行"窗口"→"样本"命令，打开"样本"面板，填充颜色，如图 5-76 所示。

08 将音符图形转换为元件，双击该元件，进入元件编辑模式。新建"图层 2"，再次绘制一个音符图形，在"样本"面板中选择橘色为填充颜色，如图 5-77 所示。

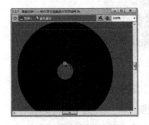

图5-76 绘制图形　　图5-77 绘制图形

09 将该图形转换为元件，双击该元件，继续在舞台中绘制多个音符图形，如图 5-78 所示，并给每个图形图层添加传统运动引导层。使用"钢笔工具"在舞台中绘

制路径，如图 5-79 所示，并制作路径动画。

图5-78 绘制多个图形　　图5-79 绘制路径

10 返回"元件 2"，在舞台中绘制一个绿色的音符，如图 5-80 所示，并转换为元件。

11 双击该元件，创建引导层，绘制图形和路径，如图 5-81 所示，并制作补间动画。

12 新建多个图层，复制音符元件并调整元件位置，使音符的弹出不同步。

13 新建一个活动层，选中第 92 帧，插入关键帧，执行"窗口"→"动作"命令，打开"动作"面板，添加代码，如图 5-82 所示。

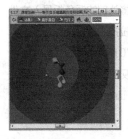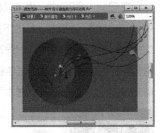

图5-80 绘制图形　　图5-81 绘制路径

图5-82 添加代码

14 完成该动画的制作，按 Ctrl+Enter 快捷键测试动画效果，如图 5-83 所示。

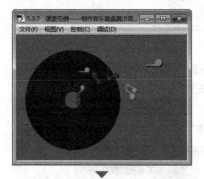

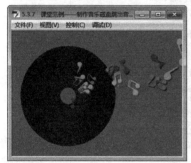

图5-83　测试动画效果

5.4　综合训练——制作颜色按钮

源文件路径	素材/第5章/5.4综合训练——制作颜色按钮
视频路径	视频/第5章/5.4综合训练——制作颜色按钮.mp4
难易程度	★★

01 启动 Flash CS6 软件，执行"文件"→"新建"命令，新建一个文档（宽 300 像素，高 200 像素），如图 5-84 所示。

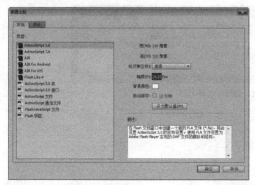

图5-84　"新建文档"对话框

02 使用"椭圆工具"在舞台中绘制一个圆形，执行"窗口"→"颜色"命令，打开"颜色"面板，设置颜色，如图 5-85 所示。

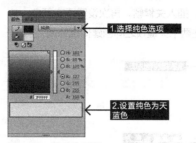

图5-85　"颜色"面板

03 给圆形填充纯色，并转换为元件，如图 5-86 所示，双击舞台中的圆形，进入元件编辑模式，将元件名称改为"按钮动画"，再次双击舞台中的圆形。

04 选中第 2 帧，按 F6 键插入关键帧，选中第 1 帧，按 Delete 键删除内容。执行"窗口"→"动作"命令，打开"动作"面板，添加代码，如图 5-87 所示。

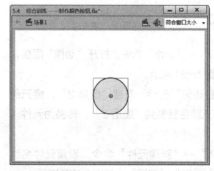

图5-86　填充颜色

图5-87　添加代码

05 选中第 2 帧，将元件分离，打开"颜色"面板，设置填充颜色，如图 5-88 所示，将圆形转换为元件，如图 5-89 所示。

06 选中第 17 帧，插入关键帧，再次设置填充颜色，如图 5-90 所示，在两个关键帧之间创建传统补间。

图5-88 "颜色"面板

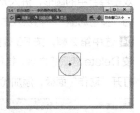

图5-89 填充颜色　　　图5-90 填充颜色

07 执行"窗口"→"动作"命令，打开"动作"面板，添加代码，如图 5-91 所示。

08 返回"按钮动画"元件，新建"图层 2"，将元件分离，并将填充颜色复制到"图层 2"，转换为元件，双击该元件。

09 执行"插入"→"新建元件"命令，设置元件名称为"颜色按钮"类型为"按钮"，如图 5-92 所示。

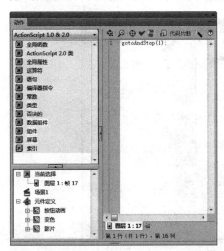

图5-91 添加代码

图5-92 转换为元件

10 选中第 2 帧，插入关键帧，将舞台中的填充颜色删除，并双击舞台中的元件，进入元件编辑模式。

11 选中第 16 帧，插入关键帧，设置填充颜色为"深蓝色"。打开"动作"面板，添加代码，如图 5-93 所示。

图5-93 添加代码

12 选中第 1~16 帧之间的任意一帧创建传统补间，如图 5-94 所示。

13 选中第 3 帧、第 4 帧，分别插入关键帧，并填充"深蓝色"，如图 5-95 所示。

14 新建"图层 3"，改名为"活动层"，执行"窗口"→"动作"命令，打开"动作"面板，添加代码，如图 5-96 所示。

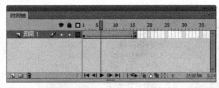

图5-94 创建传统补间

136

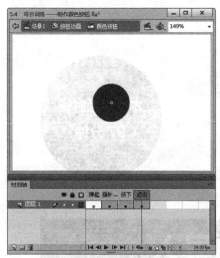

图5-95 插入关键帧

图5-96 添加代码

15 返回"场景1",完成该动画的制作,按 Ctrl+Enter 快捷键测试动画效果,如图 5-97 所示。

图5-97 测试动画效果

5.5 课后习题

◆**习题:** 利用本章所学的"颜色"面板的运用和渐变变形工具的操作方法,结合遮罩动画和调转脚本的技巧,制作拉绳式按钮,如图5-98所示。

源文件路径	素材/第5章/5.5/习题——制作拉绳式按钮
视频路径	视频/第5章/5.5/习题——制作拉绳式按钮. mp4
难易程度	★★★

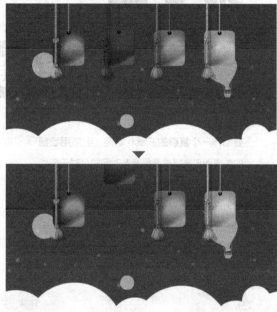

图5-98 习题——制作拉绳式按钮

心得笔记

第 6 章

外部媒体素材的导入

要制作一个复杂的 Flash 动画，全部用绘制的矢量图形来完成是很浪费时间的。对于制作动画来说，外部图像素材获取方便、表现力丰富，在使用上具有很多优势。在一个精彩的 Flash 动画中，矢量图形、位图图像、声音和视频都是不可缺少的元素。本章主要介绍导入矢量图形和位图图像、应用音频文件和视频文件的方法。

本章学习目标

- 矢量图形的导入
- 位图图像的导入
- 掌握辅助线的用

本章重点内容

- 音频文件的应用
- 视频文件的应用

扫 码 看 课 件

扫 码 看 视 频

6.1 矢量图形的导入

Flash CS6 提供的绘图工具和公用库内容对于制作一个大型的动画项目而言是远远不够的，这时需要从外部导入所需的素材文件。本节主要介绍导入矢量图形的方法。

6.1.1 Illustrator 文件的导入

在 Flash CS6 中可以导入 Illustrator 文件，在导入的 Illustrator 文件中，所有的对象都将组合成一个组，如果要对导入的文件进行编辑，将群组打散即可。

新建一个 Flash 文档，执行"文件"→"导入"→"导入到舞台"命令，弹出"导入"对话框。选择 Illustrator 文件，单击"打开"按钮，弹出"将'002.ai'导入到舞台"对话框，如图 6-1 所示。单击"确定"按钮，即可导入所选的 Illustrator 文件，如图 6-2 所示。

图6-1 "将'002.ai'导入到舞台"对话框　　图6-2 导入Illustrator文件

提示

用户还可以将Illustrator文件导入到库中，或者直接拖拽Illustrator文件到舞台中，对文件进行编辑。

6.1.2 AutoCAD 文件的导入

在 Flash CS6 中，不仅可以导入 Illustrator 文件，还可以导入二维矢量图形格式的 AutoCAD 文件。

导入 AutoCAD 文件的方法很简单，用户只需新建一个 Flash 文件，执行"文件"→"导入"→"导入到舞台"命令，弹出"导入"对话框，在其中选择 AutoCAD 文件，单击"打开"按钮，即可将选择的 AutoCAD 文件导入到舞台中，如图 6-3 所示。

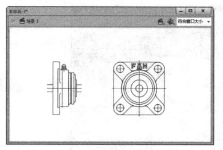

图6-3 导入AutoCAD文件

6.1.3 Fireworks 文件的导入

在 Flash CS6 中还可以导入 Fireworks 文件，Fireworks 是一种图形编辑软件，导出的图形格式有很多，这里主要介绍 png 格式的 Fireworks 文件。

导入 Fireworks 文件的方法很简单。用户只需新建一个 Flash 文件，执行"文件"→"导入"→"导入到舞台"命令，弹出"导入"对话框，在其中选择 PNG 文件，单击"打开"按钮，或者从 PNG 文件所在的文档中直接拖拽 PNG 文件到舞台中，如图 6-4 所示。即可将选择的 Fireworks 文件导入到舞台中，如图 6-5 所示。

图6-4 选择PNG文件　　图6-5 导入Fireworks文件

6.1.4 课堂范例——制作水纹波动变色动画

源文件路径	素材/第6章/6.1.4课堂范例——制作水纹波动变色动画
视频路径	视频/第6章/6.1.4课堂范例——制作水纹波动变色动画.mp4
难易程度	★★

01 启动 Flash CS6 软件，执行"文件"→"新建"命令，新建一个文档（宽68像素，高68像素），如图6-6 所示。

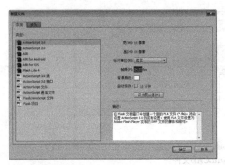

图6-6 "新建文档"对话框

02 执行"插入"→"新建元件"命令，新建一个名称为"水纹波动"的"影片剪辑"元件。

03 执行"文件"→"导入"→"导入到舞台"命令，将素材"水波.png"，导入到舞台，如图6-7所示。

04 将导入的素材转换为元件，选中第71帧，按F6键插入关键帧。将图形向右移动，并在两个关键帧之间创建传统补间，如图6-8所示。

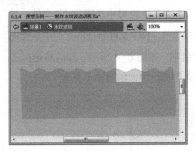

图6-7 导入素材"水波"

05 新建"图层2"，单击鼠标右键，选择"遮罩层"选项，使用椭圆工具在舞台中绘制一个圆，制作水波的遮罩，如图6-9所示。

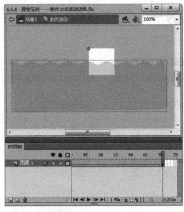

图6-8 创建传统补间

图6-9 制作遮罩

06 新建"图层3"，再次执行"文件"→"导入"→"导入到舞台"命令，将另一个素材"大水波.png"导入到舞台，转换为元件，并移动至合适位置与另一个水波错开，如图6-10所示。

07 同样选中第71帧，插入关键帧，将该元件向右移动，在两个关键帧之间创建传统补间，如图6-11所示。

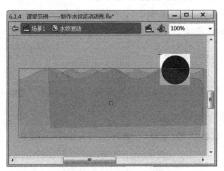

图6-10 导入素材"大水波"

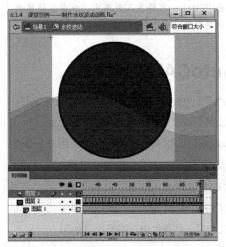

图6-11 创建传统补间

08 新建"图层4"，单击鼠标右键，选择"遮罩层"选项，复制相同的圆形到舞台，制作大水波的遮罩，如图6-12所示。

09 新建"图层5"，单击工具箱中的"椭圆工具"，在"属性"面板中设置"填充和笔触"参数，如图6-13所示。

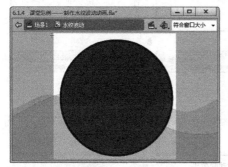

图6-12　制作遮罩

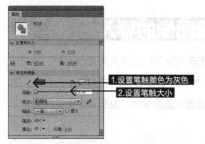

1.设置笔触颜色为灰色
2.设置笔触大小

图6-13　"属性"面板

10 在舞台中绘制一个圆形线框，并转换为元件，隐藏其他图层，圆形线框如图6-14所示。返回"场景1"，此时舞台中的效果如图6-15所示。

图6-14　绘制圆形线框

图6-15　水波效果

11 选中第2帧、第4帧，分别插入关键帧，再选中第2帧，单击舞台中的元件，在"属性"面板中设置"高级"选项的参数，调整色调，如图6-16所示，效果如图6-17所示。

设置"高级"选项参数

图6-16　"属性"面板　　图6-17　调整色调效果图

12 选中第5帧，同样更改舞台中元件的色调，如图6-18所示，在每个关键帧之间创建传统补间。

13 新建"图层2"，使用"矩形工具"，设置矩形的笔触颜色为无，填充颜色为灰色，颜色的Alpha值为0。在舞台中绘制一个透明的矩形，并将矩形转换为元件，如图6-19所示。

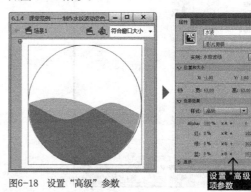

图6-18　设置"高级"参数

设置"高级"选项参数

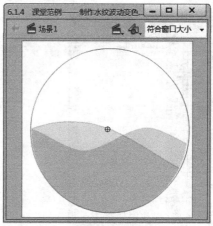

图6-19　绘制透明矩形

14 双击舞台中的透明矩形元件，进入该元件的编辑模式，选中第1~4帧，按F6键，分别插入关键帧，如图6-20所示，关键帧内容不变。

15 返回"场景1"，新建"活动层"，选中第1~4帧，分别插入关键帧，打开"动作"面板，输入相同的代码，如图6-21所示。选中第5帧，插入关键帧，添加代码，如图6-22所示。

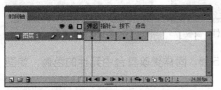

图6-20　插入按钮关键帧

图6-21　添加代码

图6-22　添加代码

16 完成该动画的制作，按Ctrl+Enter快捷键测试动画效果，如图6-23所示。

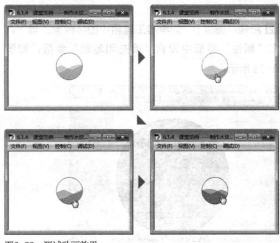

图6-23　测试动画效果

6.2 位图图像的导入

在Flash CS6中除了可以导入矢量图形外，还可以导入位图图像。本节主要介绍导入位图至舞台和库、导入PSD文件、设置位图图像属性及转换位图为矢量图形的操作方法。

6.2.1 将位图导入到舞台

在Flash CS6中，可以将位图图像导入舞台中。导入舞台中的位图图像将在舞台中显示出来。

新建一个文件，执行"文件"→"导入"→"导入到舞台"命令。弹出"导入"对话框，在其中选择需要导入的位图图像。也可以直接找到位图图像所在的文件夹，如图6-24所示，将位图图像直接拖拽至舞台中，即可将选择的位图图像导入到舞台，如图6-25所示。

图6-24　选择位图图像

图6-25 导入位图图像

6.2.2 将位图导入到库

在 Flash CS6 中，可以将位图导入到库中。导入到"库"面板中的位图图像并不影响舞台中内容的显示，并且，导入的图像将只显示在"库"面板中。如果用户需要将导入的"库"面板中的位图图像添加至舞台，只需选择该图像并将其拖拽至舞台即可。

新建一个文件，执行"文件"→"导入"→"导入到库"命令。弹出"导入到库"对话框，在其中选择位图图像，单击"打开"按钮，即可将选择的位图图像导入到库中，如图6-26所示。在"库"面板中选择需要导入的位图图像，单击并拖拽，就可将其拖拽至舞台，如图 6-27 所示。

图6-26 "库"面板　　图6-27 导入位图图像

6.2.3 将位图转换为矢量图形

由于 Flash 是一个基于矢量图形的软件，有些操作对于位图图像来说是无法实现的。尽管执行分离操作后，位图图像可以运用某些矢量图形编辑工具来编辑，但它并不等同于矢量图形，某些操作依然无法实现。这时，可以使用矢量化命令将位图图像转换为矢量图形，然后再执行相应的操作。

单击工具箱中的"选择工具"，选择位图图像，如图 6-28 所示。执行"修改"→"位图"→"转换为位图为矢量图"命令，弹出"转换位图为矢量图"对话框，设置参数，如图 6-29 所示，即可转换位图为矢量图形，如图 6-30 所示。

图6-28 选择位图图像　　图6-29 "转换位图为矢量图"对话框

图6-30 位图转换为矢量图形

"转换位图为矢量图"对话框中各选项的含义如下。

- 颜色阈值：在该选项的文本框中输入一个数值，可以设置色彩容差值。
- 最小区域：可设置为某个像素指定颜色时需要考虑的周围像素的数量。
- 角阈值：选择相应的子选项可以确定保留较多转角还是较少转角。
- 曲线拟合：选择相应的子选项可确定绘制轮廓的平滑程度。
- 预览：单击该按钮可以在舞台中预览将位图转换为矢量图形的效果。

6.3 音频文件的应用

声音是多媒体作品中不可缺少的元素。在动画设计中，为了追求丰富且具有感染力的动画效果，恰当地使用声音是非常必要的。

6.3.1 音频文件的导入

Flash 影片中的声音是通过导入外部声音文件得到的。与导入位图的操作一样，执行"文件"→"导入"→"导入到库"命令，就可以将选择的音频文件导入到文档中，如图 6-31 所示。

导入的音频文件是作为一个独立的元件存在于"库"面板中，单击"库"面板中预览窗口右上角的"播放"按钮，可以将其进行播放预览，如图 6-32 所示。

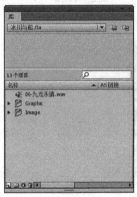

图6-31 导入音频

图6-32 "库"面板

6.3.2 为影片添加声音

在 Flash CS6 中，声音在导入"库"面板后，就可以应用到动画中。

在"时间轴"面板中，选择"音乐"图层的第 1 帧，在"属性"面板的"声音"选项区中，单击"名称"右侧的下拉按钮，在弹出的列表框中选择所需的音频，如图 6-33 所示，即可为影片添加声音。此时的"时间轴"面板如图 6-34 所示。

图6-33 选择音频

图6-34 "时间轴"面板

添加音频后，执行"控制"→"测试影片"→"测试"命令，可以预览并试听制作好的声音效果。

6.3.3 为按钮添加声音

在 Flash CS6 中还可以为按钮添加声音，为按钮添加声音后，该按钮元件的所有实例都会有声音。

打开一个文件，如图 6-35 所示。执行"文件"→"导入"→"导入到库"命令，将选择的音频文件导入到库中，如图 6-36 所示。

图6-35 打开文件

图6-36 将音频导入到库

使用"选择工具"，移动鼠标指针至舞台中，选择第 2 个按钮，如图 6-37 所示。双击进入按钮元件编辑模式，在"时间轴"面板中，选择"指针经过"帧，如图 6-38 所示。

图6-37　选择元件

图6-38　选择"指针经过"帧

在"属性"面板中，单击"名称"右侧的下拉按钮，在弹出的列表框中选择所需的音频，如图6-39所示，即可为按钮添加声音。用同样的方法为其他按钮添加声音，然后按Ctrl+Enter快捷键测试影片效果，如图6-40所示。

图6-39　选择音频

图6-40　测试影片

提示

按钮元件的"时间轴"面板主要分为4个部分，分别为弹起、指针经过、按下及点击帧。元件中的时间轴都是独立的，用户可以根据需要增加图层，也可以在图层上添加相应的元素来丰富按钮的形式。

6.3.4 重复播放声音

在Flash CS6中，可以重复播放添加的音频文件，在"属性"面板中，单击"同步"右侧的下拉按钮，弹出列表框，如图6-41所示，用户可以根据需要选择相应的选项。

重复播放声音的方法很简单，打开一个素材，在"时间轴"面板中，选择相应图层的第1帧，在"属性"面板中设置重复为3，如图6-42所示，按Enter键确认，即可设置声音的重复播放次数。

图6-41　"同步"选项

图6-42　设置重复次数

"同步"中各选项含义如下。

● 事件：该选项可使声音与某个事件同步发生。当动画播放到事件所在的关键帧时，声音开始播放，它将独立于动画的时间轴播放，并完整地播放整个声音文件。

● 开始：该选项与"事件"选项类似，但如果当前的声音没有播放完，即使时间轴中早已经过了有声音的其他关键帧，也不会播放新的声音内容。

● 停止：指时间轴播放到该帧后，停止该关键帧中指定的声音。该选项通常在设置有播放跳转的互动影片中才使用。

● 数据流：选择该选项，可以使声音与时间轴同步。Flash将调整影片的播放速度，使它和数据流声音同步。但如果声音过短而影片过长，Flash将无法调整足够多的影片帧，有些帧会被忽略。与"事件"选项不同的是，当影片停止后，数据流的声音也停止。

6.3.5 音频文件的编辑

在声音的"属性"面板中，单击"编辑声音封套"按钮，弹出"编辑封套"对话框，在该对话框中可以编辑声音，如图6-43所示，也可以选择声音的播放效果，以及编辑音频文件。

"编辑封套"对话框分为上、下两个声音波形编辑窗格，上边的窗格显示的是左声道声音波形，下边的窗格显示的是右声道声音波形。单击声音波形编辑窗格，可以增加一个方形控制柄，方形控制柄之间通过直线连接。拖动方形控制柄可以调整各部分声音段的大小，如图6-44所示。

图6-43 "编辑封套"对话框　　图6-44 拖动方形控制柄

- 左声道：只使用左声道播放声音。
- 右声道：只使用右声道播放声音。
- 从左到右淡出：产生从左声道到右声道的渐变音效。
- 从右到左淡出：产生从右声道到左声道的渐变音效。
- 淡入：用于制造淡入的声音。
- 淡出：用于制造淡出的声音。
- 自定义：选择该选项后，会弹出"编辑封套"对话框，用户可以对声音进行手动调整。
- 放大：单击该按钮，可以使音频波形在水平方向放大。
- 缩小：单击该按钮，可以使音频波形在水平方向缩小。
- 秒：单击该按钮，可以使声音波形编辑窗格中的水平轴设置为时间轴。
- 帧：单击该按钮，可以使声音波形编辑窗格内的水平轴设置为帧数轴，从而观察该声音共占用了多少帧，以调整时间轴中的音频个数。

6.3.6 停止输入音频

在 Flash CS6 中，可以设置音频文件的播放方式和播放次数，并对音频文件进行编辑。在某一帧需要停止音频时，还可以通过停止输入音频来操作完成。

在"时间轴"面板中，选择关键帧，如图6-45所示，在"属性"面板中，设置"同步"选项为"停止"，如图6-46所示，即可停止输入音频，如图6-47所示。

图6-45 选择关键帧

图6-46 设置"同步"选项为"停止"

图6-47 停止输入音频

6.3.7 优化音频的方法

在 Flash CS6 中，为了减小动画文件的大小，通常要对声音文件进行优化处理。由于采样比例和压缩程度会影响导出的 SWF 文件中声音的品质与大小，所以对声音的优化处理可以调节声音的品质和文件的大小。

在"库"面板中，选择音频文件，单击鼠标右键，在弹出的快捷菜单中，选择"属性"选项，如图6-48所示。在"声音属性"对话框中，单击"压缩"右侧的下拉按钮，在弹出的列表框中有 5 种可供选择的压缩方式，如图6-49所示。

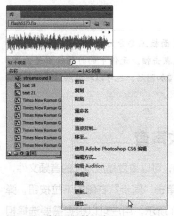

图6-48 选择"属性"选项

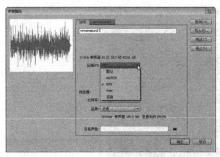

图6-49　5种压缩方式

- **默认**：选择该选项，表示整个动画的输出设置采用发布设置中的音频压缩设置。
- **ADPCM**：该选项用来压缩8位或16位的声音数据，当输出短的事件声音时可以选择该选项。
- **MP3**：MP3是数字音乐格式，它最大的特点是能以较小的比特率、较大的压缩率达到近乎完美的CD音质。该选项主要用于非循环声音而不是简短或循环播放的声音。
- **Raw**：在输出时不对音频进行压缩，但是可以对"将立体声转换为单声道"复选框和"采样率"列表框进行设置。该选项只是把立体声转化为单声道，并允许导出声音时使用新的采样率进行采样。
- **语音**：该选项是适合人说话声音的一种压缩方式。

　　除了运用以上方法可以弹出"声音属性"对话框，还可以通过以下两种方式。

- **双击鼠标左键**：在"库"面板中，双击音频文件。
- **按钮**：单击"库"面板底部的"属性"按钮。

6.3.8 输出音频文件

　　在Flash CS6中完成音频文件的编辑后，可以根据需要输出音频文件。输出音频文件的方法很简单，执行"文件"→"导出"→"导出影片"命令，弹出"导出影片"对话框。设置"保存类型"为"WAV音频"，单击"保存"按钮，弹出"导出Windows WAV"对话框，设置"声音格式"，如图6-50所示。单击"确定"按钮，即可输出音频，如图6-51所示。

图6-50　"导出Windows WAV"对话框

图6-51　输出音频

6.3.9 课堂范例——制作雨季音乐播放动画

源文件路径	素材/第6章/6.3.9课堂范例——制作雨季音乐播放动画
视频路径	视频/第6章/6.3.9课堂范例——制作雨季音乐播放动画.mp4
难易程度	★★★

01 启动Flash CS6软件，执行"文件"→"新建"命令，新建一个文档（宽1024像素，高768像素），如图6-52所示。

图6-52　"新建文档"对话框

02 选中第1帧，使用"文本工具"在舞台中随意拖出一个文本框，不输入任何文字，将空白文本框转换为元件，如图6-53所示。

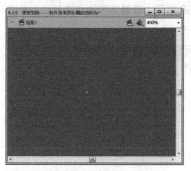

图6-53　将空白文本框转换为元件

03 双击舞台中的空白元件,进入元件编辑模式,新建一个"活动层",执行"窗口"→"动作"命令,打开"动作"面板,添加代码,如图6-54所示。

图6-54 添加代码

04 返回"场景1",选中第2帧,按F6键插入关键帧,执行"文件"→"导入"→"导入到舞台"命令,将素材"场景.jpg"导入到舞台,如图6-55所示。

图6-55 导入素材"场景"

05 新建"图层2",选中第2帧,插入关键帧,使用"矩形工具"在舞台中绘制一个275×692的渐变矩形,旋转图形,如图6-56所示,设置矩形的填充颜色为从白色到灰色的径向渐变。

06 将图形转换为元件,单击舞台中的元件,在"属性"面板中设置"高级"选项参数,如图6-57所示。

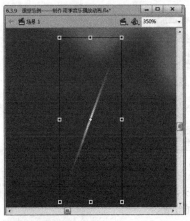

图6-56 绘制渐变矩形

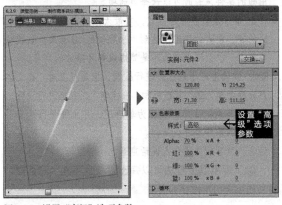

图6-57 设置"高级"选项参数

07 双击舞台中的元件,进入元件编辑模式,新建多个图层,复制相同的雨丝图形到舞台,并将图形向下移动,创建补间动画,如图6-58所示。

08 新建两个图层,执行"文件"→"导入"→"导入到库"命令,将素材"花盆.png"导入到库中,再分别选中两个图层,将素材拖入到舞台,使用"任意变形工具"将其中一个花盆图形放大,如图6-59所示。

图6-58 创建传统补间

图6-59 导入素材"花盆"

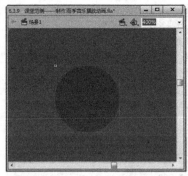

图6-60 透明度为13%的黑色圆形

09 新建"图层5",选中第2帧,插入关键帧,使用"椭圆工具"在舞台中绘制一个透明度为13%的黑色圆形,并转换为元件,如图6-60所示。

10 使用"钢笔工具"在舞台中绘制一个音乐符号图形,图形填充颜色为粉红色,如图6-61所示。

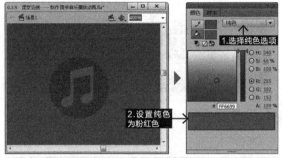

图6-61 绘制音符图形

11 单击圆形元件,在"属性"面板设置"高级"选项的Alpha值为0,单击音符元件,设置"高级"选项参数,如图6-62所示。

12 同时选择两个元件,按F8键将两个元件转换为一个元件,双击该元件,进入元件编辑模式。

13 新建"图层2",选中第2帧,插入关键帧,复制音符元件,将元件分离,在元件图形上继续绘制图形,同样转换为原元件,并修改色调,如图6-63所示。

图6-62 设置"高级"选项参数

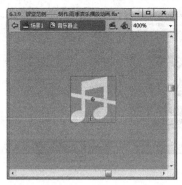

图6-63 绘制图形

14 新建"活动层",打开"动作"面板,添加代码,如图6-64所示。

图6-64 添加代码

15 返回"图层1",新建一个图层,为舞台绘制矩形边框,将矩形边框转换为元件,如图6-65所示。

16 再次新建一个图层,绘制圆角矩形边框,如图6-66所示。单击舞台中的边框,在"属性"面板的"滤镜"下拉列表中,单击"添加滤镜"按钮,选择"模糊"滤镜,设置参数,如图6-67所示。

图6-65 绘制矩形边框

图6-66 绘制圆角矩形边框

149

图6-67　模糊效果

17 新建图层，命名为"声音"。选中第2帧，插入关键帧。执行"插入"→"新建元件"命令，新建一个名为"声音"的"影片剪辑"元件，执行"文件"→"导入"→"导入到库"命令，将选择的音频文件导入到库中，如图6-68所示。

18 选中第1帧，插入关键帧，在"属性"面板"声音"选项区中的"名称"下拉列表中，选择该音频，如图6-69所示，为动画添加声音。

图6-68　音频导入库中　　　图6-69　选择音频

19 返回"场景1"，新建"活动层"，在第1帧、第2帧分别插入关键帧，打开"动作面板"，在第1帧添加"stop( );"停止代码，在第2帧中添加"素材\第6章\6.39\音乐代码.txt"中的代码，如图6-70所示。

20 完成该动画的制作，按Ctrl+Enter快捷键测试动画效果，点击音符按钮即可播放/停止音乐，如图6-71所示。

图6-70　添加代码

图6-71　测试动画效果

6.4 视频文件的应用

Flash CS6 允许用户导入视频文件，视频文件的格式不同，导入的方法也不同，用户可以将包含视频的影片发布为 SWF 格式的影片或 MOV 格式的 QuickTime。本节主要介绍应用视频文件的方法。

6.4.1 将视频导入库中

在 Flash CS6 中，集成了强大的视频编辑功能，用户可以通过向导设置来导入视频文件。

新建一个文档，执行"文件"→"导入"→"导入视频"命令，弹出"导入视频"对话框，如图6-72所示。单击"浏览"按钮，弹出"打开"对话框，选择需要导入的视频。返回"导入视频"对话框，在其中会显示视频文件的路径，如图6-73所示，单击"下一步"按钮。

图6-72　"导入视频"对话框

图6-73　显示视频文件路径

进入"设定外观"界面，如图 6-74 所示，单击"下一步"按钮，进入"完成视频导入"界面，如图 6-75 所示。单击"完成"按钮，完成视频的导入，按 Ctrl+Enter 快捷键即可测试视频效果，如图 6-76 所示。

图6-74　进入"设定外观"界面

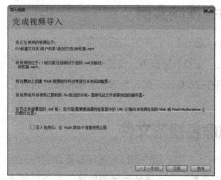

图6-75　进入"完成视频导入"界面

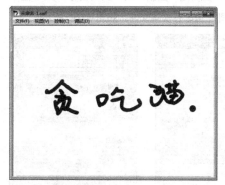

图6-76　测试视频效果

6.4.2　视频文件属性的设置

在 Flash CS6 中将视频文件导入文档后，用户可以根据需要对视频文件的属性进行相应的设置。选取工具箱中的"任意变形工具"，选择舞台中的视频文件，如图 6-77 所示，拖拽变形控制框，调整视频文件的大小，即可设置视频文件的属性，如图 6-78 所示。

图6-77　选择视频文件

图6-78　调整视频文件大小

6.4.3 命名视频实例

在 Flash CS6 中，用户可以根据需要为导入的视频实例命名。在"属性"面板中，设置"实例名称"为"视频 1"，如图 6-79 所示，即可为导入的视频实例命名。

6.4.4 重命名视频文件

在 Flash CS6 中，用户可以根据需要重命名导入的视频文件。重命名视频文件的方法很简单，用户只需选择视频文件，在属性"面板中的"实例名称"文本框中输入文本，即可重命名视频文件，如图 6-80 所示。

图6-79 设置"实例名称"
为"视频1"　　图6-80 重命名视频文件

6.4.5 视频文件的导出方法

在 Flash CS6 中，如果需要对编辑完的视频文件进行保存，可以将其导出，导出的格式由用户自行设置。导出视频文件的方法很简单，用户只需单击"文件"→"导出"→"导出影片"命令，弹出"导出影片"对话框。在其中设置保存路径、名称及保存类型，单击"保存"按钮，弹出"导出 Windows AVI"对话框，如图 6-81 所示。在其中设置相应选项，单击"确定"按钮，即可导出视频文件。

图6-81 "导出Windows AVI"对话框

6.4.6 课堂范例——制作电影片头倒计时

源文件路径	素材/第6章/6.4.6课堂范例——制作电影片头倒计时
视频路径	视频/第6章/6.4.6课堂范例——制作电影片头倒计时.mp4
难易程度	★★★

01 启动 Flash CS6 软件，执行"文件"→"新建"命令，新建一个文档（宽 650 像素，高 380 像素），如图 6-82 所示。

02 执行"插入"→"新建元件"命令，新建一个名为"电影片头"的"影片剪辑"元件。

03 使用"矩形工具"在舞台中绘制一个 650 像素 ×231 像素的深灰色（R102,G102,B102）矩形，并转换为元件，如图 6-83 所示.

图6-82 "新建文档"对话框　　图6-83 矩形元件

04 新建"图层 2"，再次使用"矩形工具"，在舞台中心位置绘制一个 231 像素 ×231 像素 的浅灰色（R204,G204,B204）正方形，并转换为元件，在"属性"面板中设置"Alpha"值为 39%，如图 6-84 所示。

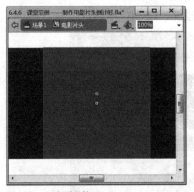

图6-84 正方形元件

05 双击该元件，进入元件编辑模式，插入关键帧，并制作矩形慢慢折叠消失的动画，如图 6-85 所示。

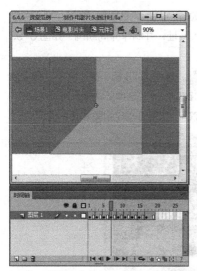

图6-85 制作矩形动画

06 新建"图层3"，选取工具箱中的"铅笔工具"，在"属性"面板中，设置"笔触颜色"为白色，笔触大小为3，在舞台中绘制一个图形，如图6-86所示。

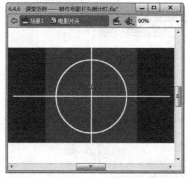

图6-86 绘制图形

07 将该图形转换为元件，设置"Alpha"值为44%，如图6-87所示。

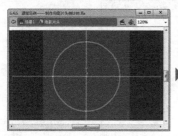

图6-87 设置"Alpha"值为44%

08 双击该元件，进入元件编辑模式，新建"图层2"，单击鼠标右键，选择"遮罩层"选项，在"库"面板中，将之前的深灰色矩形元件拖入舞台中，制作图形的遮罩，如图6-88所示。

09 新建"图层4"，在舞台左侧绘制一个28像素×231像素的黑色矩形，转换为元件，并双击该元件，进入元件编辑模式，如图6-89所示。

图6-88 制作图形的遮罩　　　图6-89 进入元件编辑模式

10 新建多个图层，并分别选中，在舞台中绘制多个17像素×17像素的灰色（R153,G153,B153）小正方形，如图6-90所示，制作向下移动的补间动画。

11 新建一个遮罩层，在舞台中绘制一个28像素×231像素的黑色遮罩矩形，如图6-91所示。

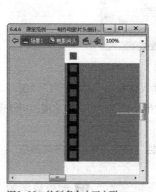
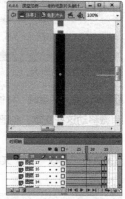

图6-90 绘制多个小正方形　　　图6-91 制作黑色遮罩

12 返回"电影片头"元件，新建"图层5"。将"图层4"的元件复制到"图层5"中，移动至舞台右侧，制作胶片播放效果，如图6-92所示。

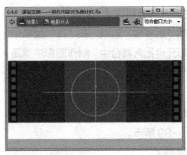

图6-92 胶片播放效果

13 新建"图层6"，执行"插入"→"新建元件"命令，新建一个名为"数字播放"的"影片剪辑"元件。

14 选中第13帧，按F6键插入关键帧。在舞台中输入文本"4"，并转换为元件。继续插入关键帧。稍微移动文本，并创建传统补间，如图6-93所示。

图6-93 创建传统补间

15 继续插入关键帧，并输入文本"3""2""1""0"，稍微移动这些文本，创建传统补间，制作数字播放抖动的效果。

16 执行"修改"→"文档"命令，修改"背景颜色"为黑色。

图6-94 导入"喷漆"素材

17 创建数字的遮罩层，在"库"面板中将"喷漆"元件拖入舞台中，并移动到数字上，如图6-94所示。

18 新建图层，移动至最底层，选中第73帧，插入关键帧，在舞台中输入网址，并制作补间动画，如图6-95所示。

19 新建"活动层"，选中第73帧、第112帧，分别插入关键帧，执行"窗口"→"动作"命令，打开"动作"面板，分别添加代码，如图6-96和图6-97所示。

图6-95 制作补间动画

图6-96 添加代码

图6-97 添加代码

20 返回"场景1"，完成该动画的制作，按 Ctrl+Enter 快捷键测试动画效果，如图 6-98 所示。

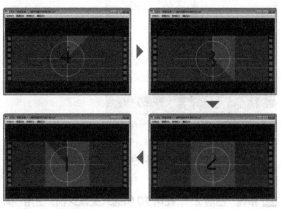

图6-98　测试动画效果

21 执行"文件"→"导出"→"导出影片"命令，即可导出视频，如图 6-99 所示。

图6-99导出视频

6.5 综合训练——制作设计公司LOGO动画

源文件路径	素材/第6章/6.5综合训练——制作设计公司LOGO动画
视频路径	视频/第6章/6.5综合训练——制作设计公司LOGO动画.mp4
难易程度	★★★★

01 启动 Flash CS6 软件，执行"文件"→"新建"命令，新建一个文档（宽 550 像素，高 400 像素），如图 6-100 所示。

02 使用工具箱中的绘图工具在舞台中绘制图形，将图形的填充颜色设置为从灰色（#6D7376）到深灰色（#2E2F2F）再到深灰色（#373535）的线性渐变，如图 6-101 所示。

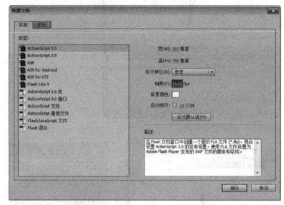

图6-100　"新建文档"对话框

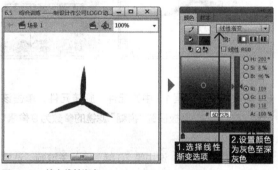

图6-101　填充线性渐变

03 将图形转换为元件，双击该元件，进入元件编辑模式，将元件命名为"图标动画"。复制并再次双击该元件，选中第 10 帧，按 F6 键插入关键帧，旋转元件，在关键帧之间创建传统补间，如图 6-102 所示。

04 返回到上一个元件，新建"图层 2"，复制两次"图层 1"中的元件，并转换为一个元件。旋转该元件，在"属性"面板中设置"Alpha"值为 54%，设置"模糊"滤镜的参数为 30 像素，如图 6-103 所示。

图6-102 创建传统补间

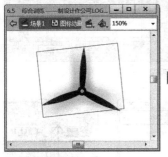

图6-103 模糊效果

05 再次复制"图层1"中的元件,旋转元件,单击该元件,在"属性"面板设置"模糊"滤镜的参数为9像素,如图6-104所示。

06 返回"元件1",选中第70帧,插入关键帧。选中第1帧,使用"任意变形工具"缩小图形,在两个关键帧之间创建传统补间。

图6-104 模糊效果

07 选中第90帧、第99帧,分别插入关键帧。选中第99帧,单击舞台中的元件,在"属性"面板中设置"Alpha"值为0。在第90~99之间创建传统补间,如图6-105所示。

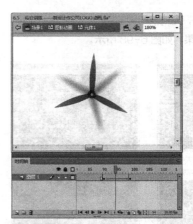

图6-105 创建传统补间

08 新建"图层2",在第70帧插入关键这帧,使用"椭圆工具"在舞台中绘制一个圆形边框,设置填充颜色为从浅灰色(#E0ECF3)到灰色(#A2AAAE)逐渐到深灰色(#5A5A5C)的线性渐变,将边框转换为元件,如图6-106所示。

图6-106 绘制圆形边框

09 选中第81帧,插入关键帧。再次选中第70帧,单击舞台中的边框元件,在"属性"面板设置"Alpha"值为0。在第70~81帧之间创建传统补间,如图6-107所示。

图6-107 创建传统补间

156

10 新建"图层3"，在第81帧插入关键帧。使用"椭圆工具"在圆形边框内再绘制一个圆形，设置填充颜色为从白色（#FFFFFF）逐渐到浅蓝色（#3FB&AF）的径向渐变，并使用"渐变变形工具"调整中心点的位置，如图6-108所示。

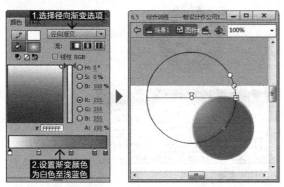

图6-108 调整径向渐变

11 将圆形转换为元件，选中第90帧，插入关键帧。再选中第81帧，在"属性"面板设置"Alpha"值为0。在第81~90帧之间创建传统补间，调整图层的位置，如图6-109所示。

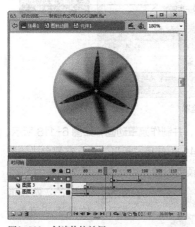

图6-109 创建传统补间

12 新建"图层4"，选中第90帧，插入关键帧。在图形中心绘制一个圆形，设置填充颜色为从白色（#FFFFFF）逐渐到蓝色（#2F8882）的线性渐变，如图6-110所示。

13 将圆形转换为元件，在第99帧插入关键帧。选中第90帧，缩小元件，在两个关键帧之间创建传统补间，如图6-111所示。

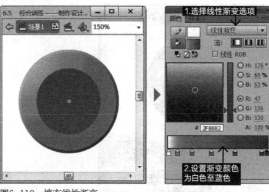

图6-110 填充线性渐变

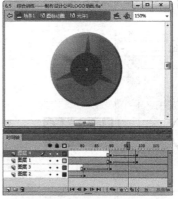

图6-111 创建传统补间

14 新建"图层5"，选中第99帧，插入关键帧。执行"文件"→"导入"→"导入到舞台"命令，将"图标.png"素材导入到舞台中，并转换为元件，如图6-112所示，创建从小逐渐放大的补间动画，如图6-113所示。

15 新建图层，命名为"B"，在第133帧插入关键帧。使用"文本工具"在舞台中输入大写字母"B"，并将字母图形旋转并放大，如图6-114所示。

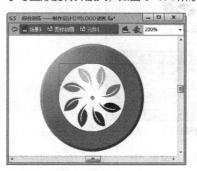

图6-112 导入"图标"素材

图6-113　创建传统补间

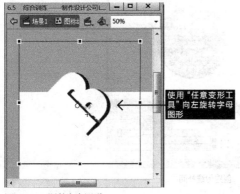

图6-114　调整文字图形

使用"任意变形工具"向左旋转字母图形

16 选中第142帧、第144帧、第146帧，插入关键帧，将图形缩小，创建传统补间，如图6-115所示。

图6-115　创建传统补间

17 新建两个图层，命名为"K""W"，使用同样的操作方法绘制"K""W"字母形状的图形，并创建补间动画，如图6-116所示。

18 新建"图层10"，选中第185帧，插入关键帧。使用"文本工具"在舞台中输入文本"设计源于生活"。创建文本图层的遮罩层，如图6-117所示。

图6-116　创建传统补间

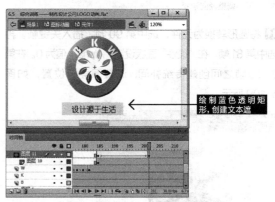

图6-117　创建文字遮罩

绘制蓝色透明矩形，创建文本遮

19 继续输入文本，并制作遮罩动画，如图6-118所示。

20 新建"图层14"，使用"矩形工具"在舞台中绘制一个矩形，填充颜色设置为中间滑块是透明度为39%的白色，两侧滑块是透明度为0的白色，如图6-119所示。

图6-118　制作文本遮罩

21 将图形转换为元件，旋转并移动元件，创建传统补间，如图6-120所示，完成图标闪光效果，如图6-121所示。

图6-119　设置线性渐变

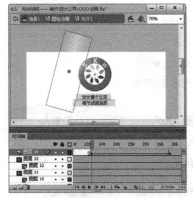

图6-120　创建传统补间

22 创建该图层的遮罩层，并绘制黑色遮罩，如图6-122所示。

23 返回"图标动画"元件，选中第177帧，插入关键帧。使用"任意变形工具"旋转车标元件。在关键帧之间创建传统补间，制作图标的旋转动画，如图6-123所示。

图6-121　图标闪光效果

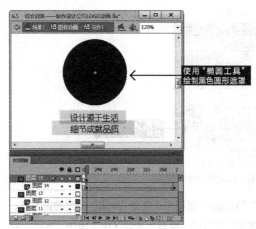

图6-122　绘制黑色遮罩

图6-123　旋转图标

24 返回"场景1"，新建"图层2"，将"图层1"的"影片剪辑"元件复制到"图层2"中，移动至适当位置。在"属性"面板设置"色调"参数，制作图标的倒影，如图6-124所示。

25 新建"图层3"，命名为"声音"，执行"文件"→"导入"→"导入到库"命令，将需要的音频导入库中。

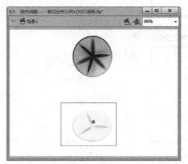

图6-124　制作图标倒影

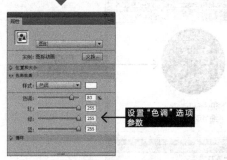

图6-124 制作图标倒影（续）

26 在"时间轴"面板中，选择"声音"图层的第1帧。在"属性"面板的"声音"选项区中，单击"名称"右侧的下拉按钮，在弹出的列表框中，选择所需要的音频。在"同步"下拉列表中，选择"数据流"选项，为视频添加音效，如图6-125所示。

图6-125 添加音效

27 完成该动画的制作，按Ctrl+Enter快捷键测试动画效果，如图6-126所示。

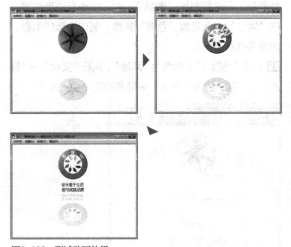

图6-126 测试动画效果

6.6 课后习题

◆**习题1：** 利用本章所学的音频文件的导入方法，结合创建传统补间和遮罩层的使用，制作水墨画开场，如图6-127所示。

源文件路径	素材/第6章/6.6/习题1——制作水墨画开场
视频路径	视频/第6章/6.6/习题1——制作水墨画开场.mp4
难易程度	★★★

图6-127 习题1——制作水墨画开场

◆**习题2：** 使用视频导入的操作方法，以及设置Alpha值制作淡入淡出动画来制作电影宣传短片，如图6-128所示。

源文件路径	素材/第6章/6.6/习题2——制作电影宣传短片
视频路径	视频/第6章/6.6/习题2——制作电影宣传短片.mp4
难易程度	★★★

图6-128 习题2——制作电影宣传短片

心得笔记

本章视频时长
109 分钟

第 7 章

文本对象的创建与编辑

文本是 Flash 动画中重要的组成部分之一，无论是 MTV、网页广告还是互动游戏，都会涉及文字的应用。在 Flash CS6 中不仅可以创建各种矢量图形，还可以创建不同风格的文本对象。Flash 中的文本和图形一样，都是非常重要并且使用广泛的一种对象。本章将介绍创建和编辑文本对象的方法。

本章学习目标

- 了解创建多种文本的操作方法
- 熟悉文本的对齐方式
- 熟悉应用文本的编辑

本章重点内容

- 熟悉文本的基本操作
- 掌握文本变形的操作方法
- 熟悉文本的滤镜类型
- 掌握文本实例的制作

扫 码 看 课 件

扫 码 看 视 频

7.1 创建多种文本

在 Flash CS6 中，文本是一种特殊的对象，具有图形组合和实例的某些属性，但又有其特殊的属性。它既可以作为运动渐变动画的对象，又可以作为外形渐变画的对象。

7.1.1 静态文本的创建

静态文本在动画播放阶段文本内容不变，其文本方向有两种：水平、垂直，默认状态下为水平方向。

选择工具箱中的文本工具，在"属性"面板中设置"文本类型"为静态文本，如图 7-1 所示。在舞台中单击并拖动鼠标，绘制文本框，并输入文字，如图 7-2 所示。

图7-1　设置文本参数

图7-2　输入文字

7.1.2 动态文本的创建

动态文本框用来显示动态可更新的文本，如动态地显示时间和日期。在"属性"面板中，动态文本可添加实例名称或变量，以方便输入代码时程序的调用。

选择工具箱中的文本工具，在"属性"面板中设置"文本类型"为动态文本，如图 7-3 所示。在舞台中单击并拖动鼠标，绘制文本框，并输入文字，如图 7-4 所示。单击选项按钮，在"链接"文本框中输入链接的网站（读者可自行选择一个网站），如图 7-5 所示。

图7-3　设置文本参数

图7-4　输入文字

图7-5　输入链接网站

7.1.3 输入文本的创建

输入文本一般用于注册页、留言簿等一些需要用户输入文本的表格页面。用户可即时输入文本，输入文本包括密码输入类型，即用户输入的文本均以"*"号表示。

选择工具箱中的文本工具，在"属性"面板中设置"文本类型"为输入文本。在"字符"选项中，单击"在文本周围显示边框"按钮，或在"段落"选项中，设置"行为"为"密码"，如图 7-6 所示。在舞台中单击并拖动鼠标，绘制文本框，并输入文字，如图 7-7 所示。

图7-6 设置文本参数

图7-7 输入文字

7.1.4 课堂范例——制作环形发光文字动画

源文件路径	素材/第7章/7.1.4课堂范例——制作环形发光文字动画
视频路径	视频/第7章/7.1.4课堂范例——制作环形发光文字动画.mp4
难易程度	★

01 启动 Flash CS6 软件，执行"文件"→"新建"命令，新建一个文档（宽 550 像素，高 400 像素），如图 7-8 所示。

图7-8 "新建文档"对话框

02 选中第 55 帧，按 F5 键插入帧。使用"椭圆工具"在舞台中绘制一个圆，设置填充颜色为黄色（R255，G204,B51），如图 7-9 所示。

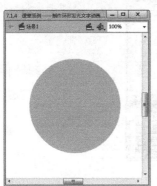

1.选择纯色选项

2.设置颜色为黄色

图7-9 绘制圆

03 选中圆形，按 F8 键，将圆形转换为元件。单击该元件，在"属性"面板中，打开"滤镜"下拉面板，添加"发光"滤镜，设置参数，为元件添加发光效果，如图 7-10 所示。

04 新建"图层 2"，使用"矩形工具"在舞台中绘制一个 269 像素 ×377 像素的矩形，设置填充颜色为红色系的线性渐变，如图 7-11 所示。

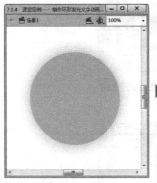

设置"发光"滤镜参数

图7-10 添加发光滤镜

1.选择线性渐变选项

2.设置颜色为红色至玫红色至红色

图7-11 绘制矩形

05 将矩形转换为元件，选中第 13 帧、第 27 帧、第 41 帧、第 55 帧，分别插入关键帧。使用"选择工具"将矩形上下移动，在每个关键帧之间创建传统补间，如图 7-12 所示。

06 创建矩形的遮罩层，在舞台中绘制一个黑色圆遮罩，如图 7-13 所示。

163

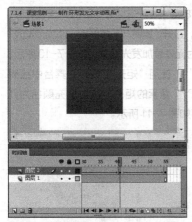

图7-12　创建传统补间

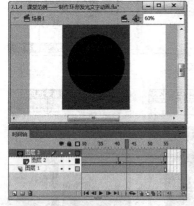

图7-13　绘制黑色圆遮罩

07 在"时间轴"面板中，单击"图层2"和"图层3"右侧的锁定所有图层按钮🔒，此时舞台中发光效果如图7-14所示。

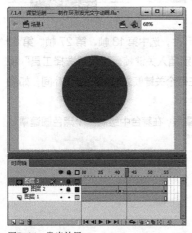

图7-14　发光效果

08 新建"图层4"，选取工具箱中的"文本工具"，在"属性"面板中设置"静态文本"参数，在舞台中输入文本"超级美少女"，如图7-15所示，并将文字转换为元件。

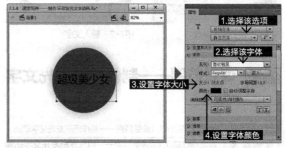

图7-15　输入文本

09 新建"图层5"，再次输入相同的文本。设置文本颜色为黄色，将该文本转换为元件，使两个文本重叠，如图7-16所示。

10 创建"图层5"的遮罩层，使用"刷子工具"在舞台中绘制三条黑色直线，制作黄色文字的遮罩，如图7-17所示。

图7-16　文本重叠　　　　　图7-17　绘制文字遮罩

11 选中第2帧、第55帧，按F6键分别插入关键帧。选中第55帧，将遮罩图形移动到文字的右下侧，在两个关键帧之间创建传统补间，如图7-18所示。

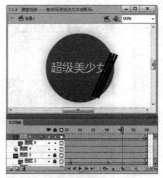

图7-18　创建传统补间

12 完成该动画的制作，按 Ctrl+Enter 快捷键测试动画效果，如图 7-19 所示。

图7-19 测试动画效果

7.2 文本的基本操作

在 Flash CS6 中创建不同的文本类型后，即可对文本进行基本操作，包括设置文本的字体和字号、设置文本的样式、设置文本的颜色及设置文本的间距等。本节主要介绍文本的基本操作。

7.2.1 字体和字号的设置

在 Flash CS6 中，有时需要根据画面的整体效果来改变文本的字体和字号。通过以下两种方式可以设置文本的字体和字号。

● 在"属性"面板设置字体和字号：设置文本的字体可以选取工具箱中的文本工具。在"属性"面板中单击"系统"右侧的下拉按钮，在弹出的下拉列表框中可以进行选择，如图 7-20 所示。

● 通过菜单命令设置字体和字号：执行"文本"→"字体"命令，即可弹出子菜单，用户可以在其中选择一种需要的字体。

图7-20 设置字体和字号

7.2.2 设置文本颜色

文本颜色的设置在整体画面效果中起着极其重要的作用。文本是否与整体画面有协调效果、整体画面是否令人赏心悦目，和文本颜色的设置有关。

选择需要设置的文本对象，在"属性"面板中，单击"颜色"选项中的色块，在弹出的颜色对话框中选择所需的颜色，即可设置文本的颜色，如图 7-21 所示。

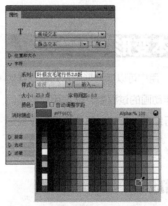

图7-21 设置文本颜色

7.2.3 设置文本间距

在 Flash CS6 中，文本间距的设置是根据整个画面效果来定的，文本间距也是整个画面是否协调的一个影响因素。设置文本间距的方法很简单，用户只需选择需要设置的文本对象，如图 7-22 所示，在"属性"面板中设置文本间距即可，如图 7-23 所示。

图7-22　选择文本对象

图7-23　设置文本间距

7.3 设置文本变形

在 Flash CS6 中，用户可以像变形图形对象一样对文本进行变形。在制作动画的过程中，根据用户的不同需求，可以对文本进行缩放、旋转、倾斜和编辑等变形操作。

7.3.1 文本的缩放

在制作动画的过程中，对文本进行缩放可以实现文本对象在水平、垂直方向的等比缩放变形。

选取工具箱中的"任意变形工具"，选择需要缩放的文本，如图 7-24 所示。单击工具箱底部的"缩放"按钮，将鼠标指针移至变形控制框上，单击并拖动鼠标，即可缩放文本，并适当调整文本的位置，如图 7-25 所示。

图7-24　选择文本　　　　　图7-25　缩放文本

7.3.2 文本的旋转

旋转文本就是将这本对象转动到一定的角度。用户可以使用任意变形工具对文本进行旋转，也可以按顺时针或逆时针 90°的角度旋转文本。

选取工具箱中的"任意变形工具"，选择需要旋转的文本，如图 7-26 所示。将鼠标指针移至右上角的变形控制点上，单击并拖动鼠标，即可旋转文本，如图 7-27 所示。

图7-26　选择文本　　　　　图7-27　旋转文本

还可以通过以下 6 种方法旋转文本。

- 选择需要旋转的文本，执行"修改"→"变形"→"缩放和旋转"命令。
- 选择需要旋转的文本，执行"修改"→"变形"→"顺时针旋转 90°"命令，顺时针 90°旋转文本。
- 选择需要旋转的文本，执行"修改"→"变形"→"逆时针旋转 90°"命令，逆时针 90°旋转文本。
- 按 Ctrl+Alt+S 快捷键，调出变形控制框。
- 按 Ctrl+Shift+9 快捷键，即可顺时针 90°旋转选择的文本对象。
- 按 Ctrl+Shift+7 快捷键，即可逆时针 90°旋转选择的文本对象。

7.3.3 文本的倾斜

在运用 Flash CS6 制作动画的过程中，可以对文本对象进行倾斜，使文本在水平或垂直方向上进行弯曲。倾斜文本的方法很简单，用户只需选择需要倾斜的文本，如图 7-28 所示，执行"文本"→"样式"→"仿斜体"命令，即可倾斜文本，如图 7-29 所示。

图7-28 选择文本

图7-29 倾斜文本

7.3.4 文本的编辑

在运用 Flash CS6 制作动画的过程中，经常需要将文本对象转换为图形对象。用户可以对转换后的文本对象进行编辑。

选取工具箱中的选择工具，选择需要编辑的文本，如图 7-30 所示。执行"修改"→"分离"命令，即可将文本分离成图形对象，即可编辑选择的文本颜色，如图 7-31 所示。

图7-30 选择文本

图7-31 编辑文本颜色

7.3.5 课堂范例——制作文字贺卡

源文件路径	素材/第7章/7.3.5课堂范例——制作文字贺卡
视频路径	视频/第7章/7.3.5课堂范例——制作文字贺卡.mp4
难易程度	★★

01 启动 Flash CS6 软件，执行"文件"→"新建"命令，新建一个文档（宽 400 像素，高 300 像素），如图 7-32 所示。

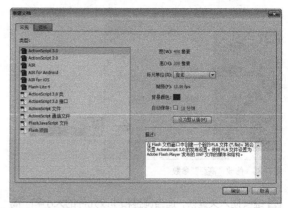
图7-32 "新建文档"对话框

02 使用"多角星形工具"在舞台中绘制一个五角星，并填充黄色（R255,G204,B0），如图 7-33 所示。

图7-33 绘制五角星

03 将五角星转换为元件，在"属性"面板中设置"高级"选项的参数，如图 7-34 所示。

04 选中第 3 帧，按 F6 键插入关键帧，单击舞台中的元件，使用"任意变形工具"将图形缩小，并设置"高级"选项参数，如图 7-35 所示。

图7-34 设置"高级"参数

图7-35　修改"高级"参数

05 继续插入关键帧，适当调整和修改元件的大小和"高级"选项参数。在每个关键帧之间创建传统补间，制作星星闪烁的动画。

06 新建多个图层，使用同样的方法，绘制大小不同的五角星，并制作星星闪烁动画，效果如图7-36所示。

07 新建一个图层，在"库"面板中将星球元件拖入舞台中，并移动至适当位置。使用"选择工具"，将所有拖入的素材全部选中，按F8键，将所有素材都转换为一个元件，如图7-37所示。

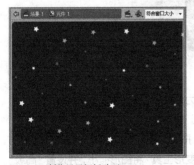

图7-36　制作星星闪烁动画

图7-37　转换为元件

08 双击该元件，进入元件编辑模式。选中3个图层，分别在第10帧、第20帧插入关键帧，并上下移动元件，

创建传统补间，制作太空动画，如图7-38所示。

09 返回上一个元件，选中第28、33帧插入关键帧。再次选中第33帧，将元件移出舞台，在每个关键帧之间创建传统补间，如图7-39所示。

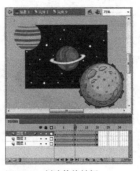 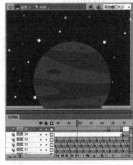

图7-38　创建传统补间　　图7-39　创建传统补间

10 选中第70帧，插入关键帧，将"飞碟"元件拖入舞台中，并制作飞碟从舞台左上角飞出的补间动画，如图7-40所示。

11 新建图层，在"库"面板中将"地球"元件拖入舞台。在第28~69帧之间插入关键帧，制作"地球"元件从舞台右侧进入，然后从舞台下方移出的补间动画，如图7-41所示。

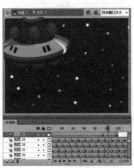

图7-40　制作补间动画　　图7-41　制作补间动画

12 新建"图层36"，使用"文字工具"在舞台中输入文本"在茫茫宇宙中"，字体设置为"华文琥珀"。执行"文本"→"样式"→"仿斜体"命令，倾斜字体，如图7-42所示。

图7-42 倾斜字体

13 将文本转换为元件，并制作文字从舞台右侧进入的补间动画，如图 7-43 所示。

图7-43 制作补间动画

14 选中第 36 帧，插入关键帧。使用"钢笔工具"在舞台中绘制一个红色爱心，并转换为元件，如图 7-44 所示。双击该元件，插入关键帧，缩小爱心形状，并设置"属性"面板中的"Alpha"值，制作爱心动画，如图 7-45 所示。

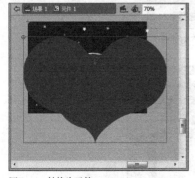

图7-44 转换为元件

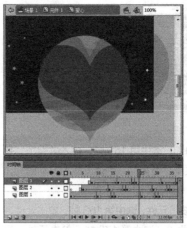

图7-45 制作爱心动画

15 新建"图层37"，选中第99帧，插入关键帧。在"库"面板中将"小女孩"元件拖到舞台底部，选中第104帧、第105帧，分别插入关键帧，将"小女孩"元件向上移动，在每个关键帧之间创建传统补间。选中第176帧，按F5键插入帧，如图 7-46 所示。

图7-46 制作移动补间动画

16 新建图层，选中第70帧，插入关键帧。继续在舞台中输入文本并倾斜字体，如图 7-47 所示，制作从下向上移动的补间动画。

17 继续插入关键帧，输入文本，制作文字滚动观看的效果，如图 7-48 所示。

169

图7-47 倾斜字体　　　　图7-48 继续输入文本

18 新建"图层39"，选中第163帧，插入关键帧。在舞台右下角输入文本"重播"，字体设置为"幼圆"，如图7-49所示。

19 将文本转换为按钮元件，选中第163帧，单击元件，设置"Alpha"值为0。选中第173帧，单击元件，设置"Alpha"值为91%。

20 双击"重播"文字元件，选中前4帧并插入关键帧。

21 新建"活动层"，执行"窗口"→"动作"命令，打开"动作"面板，添加代码"stop ();"，如图7-50所示。

图7-49 输入文本"重播"　　　图7-50 添加代码

22 完成该动画的制作，按 Ctrl+Enter 快捷键测试动画效果，如图7-51所示。

图7-51 测试动画效果

7.4 应用文本的编辑

在 Flash CS6 中，用户可以对应用文本进行编辑，以创建更好的文本效果。本节主要介绍编辑应用文本的方法。

7.4.1 点线文本的制作

制作点线文本可以为文本添加不同的文字效果，增加文本的可读性。

选取工具箱中的选择工具，选择文本对象，如图7-52所示。执行"修改"→"分离"命令，将文本分离成图形对象。选取工具箱中的"墨水瓶工具"，在"属性"面板中设置"样式"为"点状线"，如图7-53所示。

图7-52 选择文本对象　　　图7-53 设置"点状线"

单击"编辑笔触样式"按钮 ✎ ，弹出"笔触样式"对话框，设置参数，如图7-54所示，单击"确定"按钮后再单击文本，即可为文本添加边线，如图7-55所示。

图7-54 "笔触样式"对话框

图7-55 文本添加边线

7.4.2 文本超链接的设置

用户在运用 Flash CS6 制作动画的过程中，可以根据需要为文本添加超链接，使其具有交互性。在"属性"面板中，设置"文本类型"为静态文本或动态文本后，"属性"面板的下方会显示"链接"文本，在"链接"文本框中输入地址，如图 7-56 所示。测试动画时，单击文字，即可查看创建的超链接，如图 7-57 所示。

图7-56　输入链接地址　　　图7-57　创建超链接

"属性"面板中"目标"选项的各含义如下。

- －blank：打开一个新的浏览窗口显示超链接的对象。
- －parent：以当前窗口的父窗口显示超链接的对象。
- －self：以当前窗口显示超链接的对象。
- －top：以级别最高的窗口显示超链接的对象。

提示

在 Flash CS6 中，若要取消设置的文本超链接，只需在"属性"面板的"选项"区中，删除"链接"文本框中的内容即可。

7.4.3 设置文本实例名称

用户在运用 Flash CS6 制作动画的过程中，可以根据需要设置文本的实例名称，但是只能在文本类型是"动态文本"或"输入文本"时使用。设置文本实例名称的方法很简单，用户只需选择文本对象，在"属性"面板中单击"实例名称"文本框，使其呈激活状态，如图 7-58 所示，然后在文本框中输入实例名称即可，如图 7-59 所示。

图7-58　单击"实例名称"文本框　图7-59　设置文本实例名称

7.4.4 在文本周围显示边框

在运用 Flash CS6 制作动画的过程中，为了方便查看文本的位置，需要在文本周围显示边框。

选择文本对象，在"属性"面板中设置"文本类型"为"动态文字"。在"字符"选项区中，单击"在文本周围显示边框"按钮，如图 7-60 所示，即可在文本周围显示边框，如图 7-61 所示。

图7-60　单击"在文本周围显　图7-61　显示边框
示边框"按钮

提示

在 Flash CS6 中，如果文本的"文本类型"为"静态文本"状态，"在文本周围显示边框"按钮是不可用的。

7.4.5 课堂范例——制作文字放大镜动画

源文件路径	素材/第7章/7.4.5课堂范例——制作文字放大镜动画
视频路径	视频/第7章/7.4.5课堂范例——制作文字放大镜动画.mp4
难易程度	★★

01 启动 Flash CS6 软件，执行"文件"→"新建"命令，新建一个文档（宽550 像素，高400 像素），如图 7-62 所示。

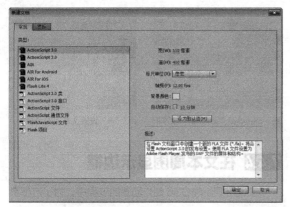

图7-62　"新建文档"对话框

02 使用"文本工具"在舞台中输入文本"从零开始"，字体设置为"华文琥珀"，文字颜色设置为玫红色（R243,G45,B107），如图7-63所示。

图7-63　输入文本

03 选择文本对象，执行"修改"→"分离"命令，将文本分离成图形对象。选取工具箱中的"墨水瓶工具"，在"属性"面板中设置"样式"为"点状线"，单击文本，为文本添加边线，如图7-64所示，将文本转换为元件。

04 新建"图层2"，单击鼠标右键，选择"遮罩层"选项。使用"矩形工具"在舞台中绘制一个1011像素×173像素的矩形，再使用"椭圆工具"在矩形中心位置绘制一个圆，按Delete键删除圆，如图7-65所示，设置颜色为玫红色（R243,G45,B107）。

图7-64　添加边线

图7-65　绘制图形

05 将图形转换为元件，选中第30帧，按F6键插入关键帧。将图形沿着文字向右移动，在两个关键帧之间创建传统补间，制作文字遮罩层，如图7-66所示。

06 新建一个图层，复制"图层1"的文字元件到舞台，使用"任意变形工具"将文字放大，如图7-67所示。

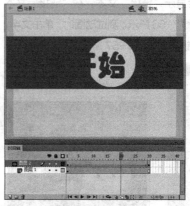

图7-66　创建遮罩层

图7-67　放大文字

07 新建"图层4"，单击鼠标右键，选择"遮罩层"选项。使用"椭圆工具"在舞台中绘制一个圆，如图7-68所示。

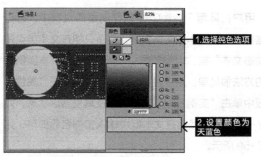

图7-68　绘制圆

172

08 选中第30帧，按F6键插入关键帧，并跟随着绿色矩形的空心圆遮罩移动，在关键帧之间创建传统补间，如图7-69所示。

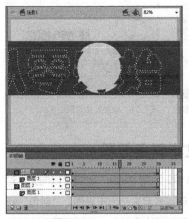

图7-69　创建传统补间

09 新建"图层5"，使用形状绘图工具箱在舞台中绘制一个放大镜形状的图形，如图7-70所示。

10 继续选中第30帧，插入关键帧，向右移动放大镜图形，在两个关键帧之间创建传统补间，如图7-71所示。

图7-70　绘制放大镜图形

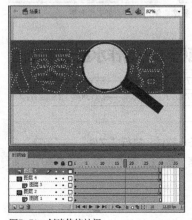

图7-71　创建传统补间

11 隐藏所有遮罩层，完成该动画的制作，按Ctrl+Enter快捷键测试动画效果，如图7-72所示。

图7-72　测试动画效果

7.5 文本滤镜类型

在Flash CS6中，可以对选定的文本对象应用一个或多个滤镜，滤镜功能只适用于文本、按钮和影片剪辑。在"滤镜"列表框中，包含了投影、模糊、发光、斜角、渐变发光、渐变斜角及调整颜色7种滤镜效果，应用不同的滤镜可以制作出不同的文本效果。

7.5.1 给文字添加投影效果

选择需要添加投影效果的文本对象，在"属性"面板的"滤镜"选项区中，单击"添加滤镜"按钮。在弹出的列表框中选择"投影"选项，设置参数，如图7-73所示，即可为对象添加投影效果，如图7-74所示。

图7-73　设置"投影"参数　　图7-74　添加投影效果

选择不同的选项可以设置不同的投影效果。

● 模糊X：在其中可以设置投影的宽度。

● 模糊Y：在其中可以设置投影的高度。

- 强度：设置投影强度的大小，输入的数值越大，投影就越暗。
- 品质：在其中可以选择投影的质量级别，当"品质"设置为"高"时，近似于高斯模糊；"品质"设置为"低"时，可以实现较好的回放性能。
- 角度：在其中可以设置投影的角度。
- 距离：在其中可以设置投影与对象之间的距离。
- 挖空：对目标对象进行挖空显示。
- 内阴影：可以在对象边界内应用投影。
- 隐藏对象：可隐藏对象，并只显示其投影。
- 颜色：单击后可在弹出的颜色面板中设置投影颜色。

7.5.2 制作文本模糊效果

在 Flash CS6 中，可以对文字运用模糊效果，模糊效果使文本对象显得更加神秘。选择需要添加模糊效果的文本对象，在"属性"面板的"滤镜"选项区中，单击"添加滤镜"按钮，在弹出的列表框中，选择"模糊"选项，设置参数，如图 7-75 所示，即可完成模糊效果的制作，如图 7-76 所示。

图7-75 设置"模糊"参数　　图7-76 添加模糊效果

7.5.3 制作文本发光效果

制作发光效果是指可以为对象的整个边缘添加颜色。选择需要添加发光效果的文本对象，在"属性"面板的"滤镜"选项区中，单击"添加滤镜"按钮，在弹出的列表框中，选择"发光"选项，设置参数，如图 7-77 所示，即可完成发光效果的制作，如图 7-78 所示。

图7-77 设置"发光"参数　　图7-78 添加发光效果

7.5.4 制作文本斜角效果

在 Flash CS6 中，应用"斜角"滤镜可以向文本对象应用加亮效果，使其看起来凸出于表面。"斜角"滤镜可以创建内斜、外斜或完全斜角。选择需要添加斜角效果的文本对象，在"属性"面板的"滤镜"选项区中，单击"添加滤镜"按钮，在弹出的列表框中，选择"斜角"选项，设置参数，如图 7-79 所示，即可完成斜角效果的制作，如图 7-80 所示。

图7-79 设置"斜角"参数　　图7-80 添加斜角效果

7.5.5 课堂范例——制作水墨江南动画

源文件路径	素材/第7章/7.5.5课堂范例——制作水墨江南动画
视频路径	视频/第7章/7.5.5课堂范例——制作水墨江南动画.mp4
难易程度	★★★

01 启动 Flash CS6 软件，执行"文件"→"新建"命令，新建一个文档（宽 700 像素，高 500 像素），如图 7-81 所示。

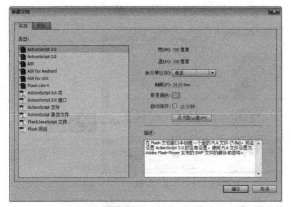

图7-81 "新建文档"对话框

02 执行"文件"→"导入"→"导入到舞台"命令，导入素材"背景框.jpg"到舞台，如图 7-82 所示。

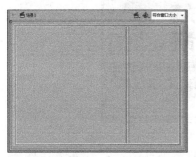

图7-82 导入素材

03 新建"图层2"，再次执行"文件"→"导入"→"导入到舞台"命令，导入素材"江南水墨画1.jpg"到背景框左侧，如图 7-83 所示。

04 将导入的水墨画图片转换为元件，双击该元件，进入元件编辑模式，在第104、149 帧插入关键帧。选中第104 帧，单击舞台中的图片元件，在"属性"面板设置"高级"选项参数，如图 7-84 所示。

图7-83 导入素材   图7-84 设置"高级"参数

05 选中第149 帧，再次单击舞台上的元件，修改"高级"参数，如图 7-85 所示，在每个关键帧之间创建传统补间。

06 使用相同的操作方法，继续导入相同的图片，制作逐张播放图片的效果，如图 7-86 所示。

图7-85 修改"高级"参数

图7-86 制作播放图动画

07 新建"图层3"，使用"矩形工具"在图片边框周围绘制一个白色边框，并转换为元件。单击该元件，在"属性"面板的"滤镜"选项区中，单击"添加滤镜"按钮，在弹出的列表框中，选择"投影"选项，设置参数，如图 7-87 所示。

08 新建"图层4"，使用"文本工具"在舞台中输入文本"水墨江南"，字体设置为"华文隶书"，如图 7-88 所示。

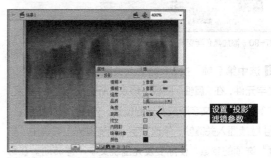

图7-87 设置"投影"参数

175

图7-88 输入文本"水墨江南"

09 将文字转换为元件,单击文字元件,在"属性"面板的"滤镜"选项区中,单击"添加滤镜"按钮。在弹出的列表框中,选择"投影"选项,设置参数,为文字添加白色投影,如图7-89所示。

10 再次单击"添加滤镜"按钮,在弹出的列表框中,选择"渐变发光"选项,设置参数,为文字添加黑色的渐变发光效果,如图7-90所示。

图7-89 添加白色投影

图7-90 添加黑色渐变发光效果

11 选中第9帧,按F6键插入关键帧。单击舞台中的文字元件,在"属性"面板中修改"渐变发光"中"角度"的参数,调整文字渐变发光的位置,如图7-91所示。

12 继续插入关键帧,修改文字"渐变发光"滤镜中"角度"选项的参数,使渐变发光围绕文字不停转动。在每个关键帧之间创建传统补间,如图7-92所示。

图7-91 调整渐变发光"角度"参数

图7-92 创建传统补间

13 返回"场景1",新建"图层5",使用"椭圆工具"在舞台中绘制一个圆,在圆上输入文本"点击",如图7-93所示。

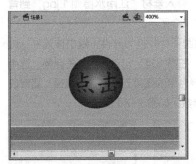

图7-93 输入文本"点击"

14 选中"图层5"中的所有内容,按F8键,将图形转换为按钮元件,再插入按钮关键帧,如图7-94所示。

15 返回"场景1",新建"活动层",打开"动作"面板,添加代码"var i = 1; stop ();",如图7-95所示。

176

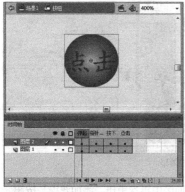

图7-94 插入按钮关键帧

图7-95 添加代码

16 选中第 2350 帧，插入关键帧，再次添加代码 "gotoAndPlay(2);"，如图 7-96 所示。

17 新建图层，添加音频，如图 7-97 所示。

图7-96 添加代码

图7-97 添加音频

18 完成该动画的制作，按 Ctrl+Enter 快捷键测试动画效果。单击"点击"按钮，即可播放音乐，如图 7-98 所示。

图7-98 测试动画效果

7.6 文本实例的制作

在 Flash CS6 中，用户可以充分发挥自己的创造力和想象力，制作出需要的文本效果。本节主要以 3 种常用的文本效果为例，详细介绍制作方法，使读者能举一反三，制作出具有美感的艺术字和文本特效。

7.6.1 制作描边效果

描边效果可以使文字字体的边框突出，用户可以根据画面的整体协调性来设置需要的描边颜色。

选择文本对象，执行"修改"→"分离"命令，分离文本，将文本分离为图形，如图 7-99 所示。选取工具箱中的"墨水瓶工具"，设置参数在文本中单击，即可为选择的文本添加边线，如图 7-100 所示。

图7-99　选择文本对象

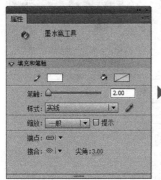

图7-100　添加边线

7.6.2 制作霓虹效果

在 Flash CS6 中，霓虹效果是最常用的文本特效之一，它能体现现代都市的时尚感，犹如在月夜中闪烁着耀眼的光芒，为城市夜景增添了美感。

选取工具箱中的选择工具，选择文本对象，如图7-101 所示。在"属性"面板的"滤镜"选项区中，单击"添加滤镜"按钮。在弹出的列表框中，选择"渐变发光"选项，设置参数，即可为选择的文本添加渐变发光效果，如图7-102 所示。

图7-101　选择文本对象

图7-102　添加渐变发光效果

在"滤镜"选项区中再次单击"添加滤镜"按钮，在弹出的列表框中，选择"渐变斜角"选项，设置参数，如图 7-103 所示，最终完成霓虹效果的制作，如图7-104 所示。

图7-103　设置"渐变斜　图7-104　霓虹效果
角"选项

提示

在"渐变发光"滤镜选项区中单击"渐变"右侧的色块，再在弹出的渐变条中单击滑块，即可弹出颜色面板，在其中选择相应的颜色即可。

7.6.3 制作浮雕效果

在 Flash CS6 中，通过制作文本的浮雕效果可以使文本具有立体感。选择文本对象，如图 7-105 所示，在所选文本上方单击鼠标右键。在弹出的快捷菜单中选择"复制"选项。再次单击鼠标右键，选择"粘贴"选项，复制所选文本，如图 7-106 所示。

图7-105　选择文本对象　　　图7-106　复制所选文本

在"颜色"面板中设置不透明度为30%，即可设置文本的透明度，如图7-107所示。适当调整文本的位置，即可完成浮雕效果，如图7-108所示。

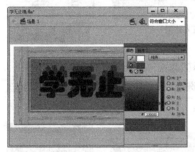

图7-107　设置文本的透明度

图7-108　浮雕效果

7.6.4　课堂范例——制作卷轴字幕动画

源文件路径	素材/第7章/7.6.4课堂范例——制作卷轴字幕动画
视 频 路 径	视频/第7章/7.6.4课堂范例——制作卷轴字幕动画.mp4
难 易 程 度	★★

01 启动 Flash CS6 软件，执行"文件"→"新建"命令，新建一个文档（宽550像素，高400像素），如图 7-109 所示。

图7-109　"新建文档"对话框

02 执行"文件"→"导入"→"导入到舞台"命令，将素材"卷轴.jpg"导入舞台，如图 7-110 所示。

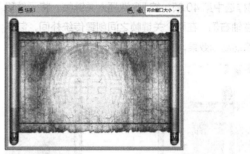

图7-110　导入素材

03 新建"图层2"，单击鼠标右键，选择"遮罩层"选项，使用矩形工具在舞台中绘制一个505像素×390像素的白色矩形，并转换为元件，如图7-111所示。

04 选中第40帧，按F6键插入关键帧。选中第1帧，使用"任意变形工具"缩小矩形，如图7-112所示。

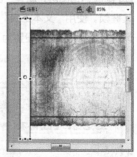

图7-111　绘制矩形　　　　图7-112　缩小矩形

05 在两个关键帧之间创建传统补间，如图7-113所示。

图7-113　创建传统补间

06 新建"图层3"，在"库"面板中将"卷轴手柄"元件拖入舞台，如图7-114所示。

07 同样选中第40帧，按F6键插入关键帧。将元件移动到卷轴右侧，在两个关键帧之间创建传统补间，制作卷轴滚动动画效果，如图7-115所示。

图7-114　导入素材

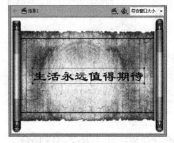
图7-115　制作卷轴滚动动画

08 隐藏遮罩图层，新建"图层4"，选中第40帧插入关键帧。使用"文本工具"在舞台中输入文本"生活永远值得期待"，字体设置为"隶书"，如图7-116所示。

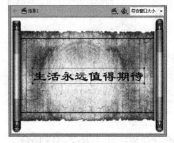
图7-116　输入文本

09 在"属性"面板的"滤镜"选项区中，单击"添加滤镜"按钮。在弹出的列表框中，选择"渐变发光"选项，设置参数，为文本添加渐变发光效果，如图7-117所示。

图7-117　添加渐变发光效果

设置"渐变发光"滤镜参数

10 再次单击"添加滤镜"按钮，在弹出的列表框中，选择"渐变斜角"选项，设置参数，完成霓虹效果的制作，如图7-118所示。

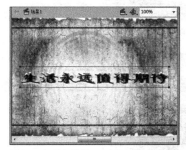
图7-118　霓虹效果

设置"渐变斜角"滤镜参数

11 新建"图层5"，单击鼠标右键，选择"遮罩层"选项。在第40帧插入关键帧，使用"矩形工具"在舞台中绘制一个462像素×76像素的矩形，使矩形的形状正好可以遮盖文本，如图7-119所示。

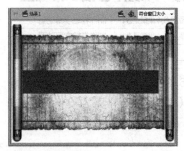
图7-119　绘制矩形

12 移动矩形到舞台中文本的左侧，选中第80帧插入关键帧，再次移动矩形，使其遮盖住文本。在两个关键帧之间创建传统补间，制作文字遮罩动画，如图7-120所示。

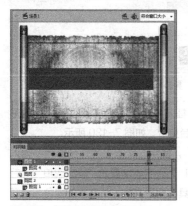

图7-120　制作文字遮罩动画

13 完成该动画的制作，按 Ctrl+Enter 快捷键测试动画效果，如图 7-121 所示。

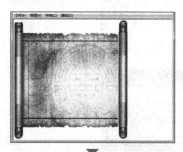

图7-121　测试动画效果

7.7 综合训练——制作笔在纸上写字动画

源文件路径	素材/第7章/7.7综合训练——制作笔在纸上写字动画
视频路径	视频/第7章/7.7综合训练——制作笔在纸上写字动画.mp4
难易程度	★★★

01 启动 Flash CS6 软件，执行"文件"→"新建"命令，新建一个文档（宽 753 像素，高 361 像素），设置舞台颜色，如图 7-122 所示。

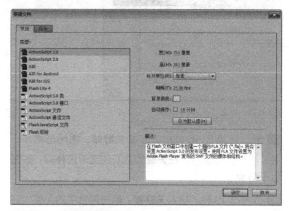

图7-122　"新建文档"对话框

02 使用"矩形工具"在舞台中绘制一个 573 像素 ×164 像素的矩形，矩形颜色为（R219,G213,B191），如图 7-123 所示。

图7-123　绘制矩形

03 使用"任意变形工具"将矩形扭曲变形，并转换为元件，如图 7-124 所示。

04 选中第 2 帧，插入关键帧。将图形元件放大，在"属性"面板中设置"Alpha"的值为 0，如图 7-125 所示。

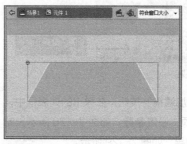

图7-124　转换为元件

图7-125 设置"Alpha"值为0

05 继续在第3~16帧插入多个关键帧,将图形缩小,并让图形逐渐显示,在关键帧之间创建传统补间,如图7-126所示。

06 选中第19帧,插入关键帧。单击舞台中的元件,在"属性"面板的"滤镜"选项区中,单击"添加滤镜"按钮。在弹出的列表框中选择"投影"选项,设置参数,为图形添加投影效果,如图7-127所示,

图7-126 创建传统补间

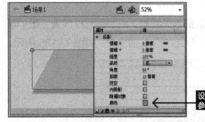

图7-127 添加投影效果

07 再次单击"添加滤镜"按钮,在弹出的列表框中,选择"发光"选项,设置参数,如图7-128所示,制作出立体台子的效果,如图7-129所示。

图7-128 设置"发光"参数 图7-129 立体台子效果

08 选中第96帧,插入关键帧,制作图形慢慢放大的形状补间,直到与舞台重合,如图7-130所示。

09 新建"图层2",使用"文本工具"在舞台中输入文本"你好,朋友!"。字体设置为"华文琥珀",并使用"任意变形工具"变形文字,让文字的视角与台子一致,将文本转换为元件,如图7-131所示。

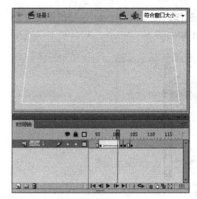

图7-130 创建形状补间

图7-131 创建文本元件

10 双击该元件,进入元件编辑模式。新建"图层2",在舞台中输入相同的文本,设置文字的颜色。同样变形文字,制作文字的浮雕效果,如图7-132所示。

11 返回"场景1",新建"图层3",单击鼠标右键,选择"遮罩层"选项。在舞台中绘制一个椭圆,并填充透明度为30%的绿色(R0,G204,B153),如图7-133所示。

182

图7-132　浮雕效果

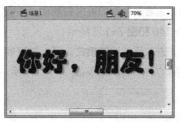

图7-133　绘制透明椭圆

图7-136　输入文本

12 在第 35~84 帧之间的每一帧都插入关键帧，并分别选中每一帧，使用"橡皮擦工具"擦除部分椭圆图形，制作文字遮罩动画，如图 7-134 和图 7-135 所示。

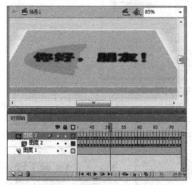

图7-134　制作文字遮罩动画

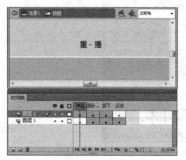

图7-137　插入按钮关键帧

15 返回"场景 1"，继续插入关键帧，制作文本渐渐出现的补间动画，如图 7-138 所示。

16 新建"图层 6"，选中第 30 帧，插入关键帧。导入"笔 .png"素材，将素材转换为元件。在"属性"面板中添加"发光"滤镜，设置参数，为笔添加发光效果，如图 7-139 所示。

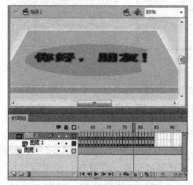

图7-135　制作文字遮罩动画

13 新建"图层 4"，选中第 85 帧，插入多个关键帧并创建传统补间。在第 96 帧、第 103 帧分别插入关键帧。选中第 103 帧，输入相同的文本，如图 7-136 所示，在两个关键帧之间创建传统补间。

14 新建"图层 5"，选中第 120 帧，插入关键帧。在舞台底部输入文本"重播"，将文本转换为按钮元件，并插入按钮关键帧，如图 7-137 所示。

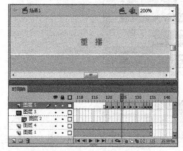

图7-138　制作补间动画

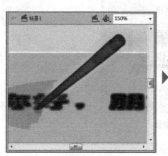

图7-139　添加发光效果

183

17 插入多个关键帧，跟着遮罩缺口处向右移动，并创建传统补间，如图 7-140 和图 7-141 所示。

18 双击"笔"元件，进入元件编辑模式。插入关键帧并旋转图形，制作笔摇动的补间动画，如图 7-142 所示。

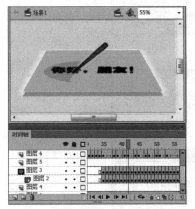

图7-140 创建传统补间

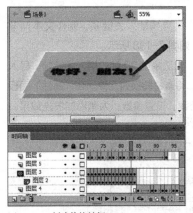

图7-141 创建传统补间

图7-142 制作笔摇动补间动画

19 返回"场景 1"，新建"图层 7"，并移动至"图层 6"的下方，复制并旋转变形"笔"元件，如图 7-143 所示。

20 单击该元件，在"属性"面板中设置"高级"选项参数，如图 7-144 所示。

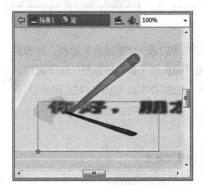

图7-143 复制变形"笔"元件

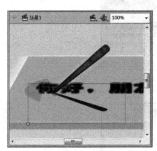

图7-144 设置"高级"参数

21 在"属性"面板的"滤镜"选项区中单击"添加滤镜"按钮。在弹出的列表框中选择"模糊"选项，设置参数，制作笔的阴影效果，如图 7-145 所示。

22 选中第 35 帧、第 86 帧、第 92 帧、第 93 帧，分别插入关键帧，并移动笔的阴影。在最后几帧设置笔的透明度，并在关键帧之间创建传统补间，如图 7-146 所示。

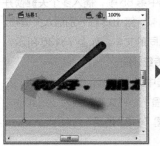

图7-145 制作笔阴影

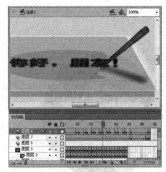

图7-146 创建传统补间

23 新建"活动层",选中第 135 帧,插入关键帧。打开"动作"面板,添加"stop ();"代码。

24 完成该动画的制作,按 Ctrl+Enter 快捷键测试动画效果。单击"重播"按钮,即可再次播放影片,如图7-147 所示。

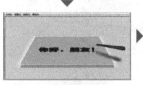

图7-147 测试动画效果

7.8 课后习题

◆**习题1:** 利用本章所学的文本对象的创建和文字的基本操作,以及径向渐变的填充,制作告白卡片,如图7-148所示。

源文件路径	素材/第7章/7.8/习题1——制作告白卡片
视 频 路 径	视频/第7章/7.8/习题1——制作告白卡片.mp4
难 易 程 度	★★★

图7-148 习题1——制作告白卡片

◆**习题2:** 利用本章所学的文本的基本操作,以及文本滤镜的操作方法,制作爱情卡片,如图7-149所示。

源文件路径	素材/第7章/7.8/习题2——制作爱情卡片
视 频 路 径	视频/第7章/7.8/习题2——制作爱情卡片.mp4
难 易 程 度	★★

图7-149 习题2——制作爱情卡片

◆**习题3:** 利用本章所学的文本对象的创建、按钮元件的制作及颜料桶的填充,制作漂流瓶,如图7-150所示。

源文件路径	素材/第7章/7.8/习题3——制作漂流瓶
视 频 路 径	视频/第7章/7.8/习题3——制作漂流瓶.mp4
难 易 程 度	★★★

图7-150 习题3——制作漂流瓶

心得笔记

本章视频时长
156 分钟

第 8 章

图层、帧和补间

时间轴包括图层和帧，在关键帧之间可以创建补间动画，制作动画效果；创建图层能够在动画制作中更好地进行组织和管理；帧在时间轴中显示，不同的帧对应不同的时刻，画面随着时间的推移逐个出现，就形成了动画；创建补间使动画制作的效率更高，步骤更简洁。本章将介绍图层、帧和补间的创建和编辑操作方法。

本章学习目标

- 了解"时间轴"面板
- 掌握帧的创建
- 掌握帧的编辑
- 掌握时间轴的基本操作

本章重点内容

- 图层的创建和编辑操作
- 掌握帧的编辑
- 掌握帧的属性的设置
- 掌握多个帧的编辑
- 熟悉补间动画的运用

扫 码 看 课 件

扫 码 看 视 频

8.1 创建与编辑图层

Flash 动画中的多个图层相当于一叠透明的纸。通过调整这些纸的顺序，可以改变动画中图层的上下层次关系。在 Flash 中，可以对图层进行创建、选择、移动、复制及删除等操作。

8.1.1 图层的创建

每新建一个 Flash 文件，系统就会自动新建一个图层，并自动命名为"图层 1"，接下来绘制的所有图形都会被放在这个图层中。用户还可以根据需要创建新的图层，新建的图层会自动排列在已有的图层上方。

图层的创建包括下面两种方法：

● 单击图层底部的新建图层 ，创建空白新图层，如图 8-1 所示。在图层上单击鼠标右键，在弹出的快捷菜单中选择"插入图层"选项，如图 8-2 所示，即可再次创建一个空白新图层。最后效果如图 8-3 所示。

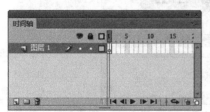

图8-1　创建空白新图层

图8-2　选择"插入图层"选项

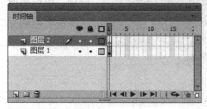

图8-3　插入图层效果

● 执行"插入"→"时间轴"→"图层"命令。

8.1.2 图层的编辑

在 Flash CS6 中，可以对图层进行选择、移动、复制及删除等编辑。

选择图层

在"时间轴"面板中单击一个图层就能将该图层激活。当图层的名称旁边出现一个铅笔图标时，表示该图层是当前的工作图层，并且每次只能有一个图层是工作图层。当一个图层被选择时，位于图层中的图形对象也同时被选择。

还可以通过以下两种方法选择图层：

● 单击"时间轴"面板中图层对应的任意一帧，如图 8-4 所示。
● 在舞台中单击相应的图形元件，如图 8-5 所示。

图8-4　单击图层

图8-5　单击元件

移动图层

　　如果需要将动画中的某个图层处于另一图层的下方或上方，就需要移动图层。在"时间轴"面板中，选择"牧场"图层，如图 8-6 所示，单击并拖拽至"太阳"图层下方，即可移动图层，如图 8-7 所示。

图8-6　选择"牧场"图层

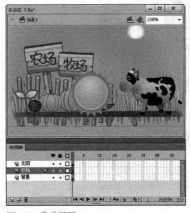

图8-7　移动图层

复制图层

　　运用 Flash CS6 制作动画的过程中，有时需要将一个图层中的内容复制到另一个图层中。

　　在不同的图层中复制帧可以减少大量的烦琐工作，提高效率。单击"时间轴"面板中所需要复制的图层，如图 8-8 所示，执行"编辑"→"时间轴"→"复制帧"命令后，创建新的图层，并选中该图层中的帧。执行"编辑"→"时间轴"→"粘贴帧"命令，即可复制图层内容，如图 8-9 所示。

图8-8　单击图层

图8-9　复制图层内容

删除图层

　　对于多余的图层，可以将其删除。在删除图层的同时，该图层在舞台中对应的内容也将被删除。选择图层或文件夹，单击删除按钮🗑，即可将所选择的图层或文件夹删除，如图 8-10 所示。或者在所选图层上单击鼠标右键，在快捷菜单中选择"删除图层"或"删除文件夹"选项，也可将所选择的图层或文件夹删除。

图8-10　删除图层

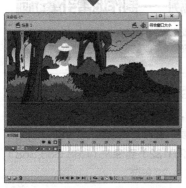

图8-10　删除图层（续）

重命名图层

双击"时间轴"面板中的图层或文件夹，输入文字即可重命名，如图 8-11 所示。或者在图层或文件夹中，单击鼠标右键，在弹出的快捷菜单中选择"属性"选项，在"图层属性"中直接修改名称即可，如图 8-12 所示。

图8-11　重命名图层

图8-12　"图层属性"对话框

显示和隐藏图层

如需隐藏或显示"时间轴"面板中所有图层和文件夹图层，可以单击时间轴上的眼睛图标 👁 完成操作，

如图 8-13 所示。再次单击该图标，即全部显示，如图 8-14 所示。

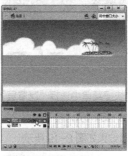　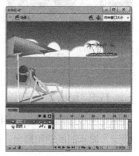

图8-13　隐藏图层　　　　　图8-14　显示图层

锁定和解锁图层

在舞台中可以将不需要编辑的图层锁定，防止操作失误。单击"时间轴"面板上的锁定按钮 🔒，即可锁定全部图层，如图 8-15 所示。如果要解除锁定，单击图层上的锁定按钮 🔒 即可。

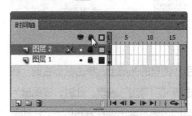

图8-15　锁定图层

8.1.3 遮罩引导图层的应用

遮罩层用于控制被遮罩内容的显示，从而制作一些复杂的动画效果。遮罩项目就像一个窗口，透过它可以看到位于它下面的链接层区域。除了透过遮罩项目显示的内容之外，其余的所有内容都被遮罩层隐藏起来。

有时为了在绘画时对齐对象，可以创建引导层，然后将其他图层上的对象与在引导层上创建的对象对齐。

创建遮罩层

遮罩图层是由普通图层转换而来的，若要创建遮罩图层，可将遮罩项目放在要用作遮罩的图层上。

打开需要遮罩的文件，如图 8-16 所示，新建"图层 2"，并使用多角星形工具 ⬠ 绘制一个五角星，如图 8-17 所示。

图8-16 打开文件

图8-17 绘制五角星

右击"图层 2"，在弹出的快捷菜单中选择"遮罩层"选项，即可创建遮罩层，如图 8-18 所示，将"图层 2"锁定，显示时间轴和舞台，遮罩效果如图 8-19 所示。

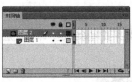
图8-18 创建遮罩层

图8-19 遮罩效果

创建引导层

在所需要创建引导图层的图层上，单击鼠标右键，在弹出的快捷菜单中选择"引导层"选项。此时，该图层为静态引导层，该图层的内容不会出现在发布的 SWF 动画中。任何图层都可以通过执行"引导层"命令设置为静态引导层，如图 8-20 所示。

选择需要创建引导图层的图层，单击鼠标右键，在弹出的快捷菜单中选择"添加传统运动引导图层"选项，即可为该图层创建运动引导层，如图 8-21 所示。

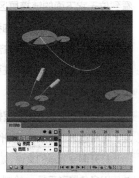

图8-20 创建引导层　　图8-21 创建运动引导层

8.1.4 课堂范例——制作地雷引爆动画

源文件路径	素材/第8章/8.1.4课堂范例——制作地雷引爆动画
视频路径	视频/第8章/8.1.4课堂范例——制作地雷引爆动画.mp4
难易程度	★★★

01 启动 Flash CS6 软件，执行"文件"→"新建"命令，新建一个文档，如图 8-22 所示。

02 使用"矩形工具"在舞台中绘制一个矩形，填充从浅灰（R132,G132,B132）到深灰（R68,G68,B68）的径向渐变，如图 8-23 所示。

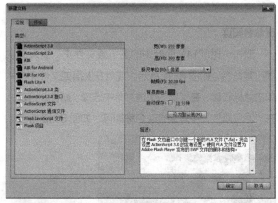
图8-22 "新建文档"对话框

图8-23 绘制渐变矩形

03 新建"图层 2"，使用"椭圆工具"在舞台中绘制一个椭圆，填充从深灰色（R34,G34,B34）到透明色的径向渐变，如图 8-24 所示。

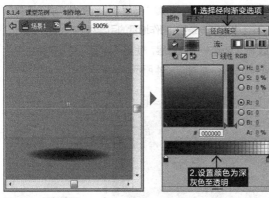

图8-24 绘制椭圆

04 在椭圆的上方再次绘制一个圆，并填充线性渐变，如图 8-25 所示。

05 选中两个图形，按 F8 键转换为元件，双击该元件，进入元件编辑模式。

06 新建"图层 2"，使用"椭圆工具"在圆形上绘制一个图形，并转换为元件，制作高光效果，如图 8-26 所示。

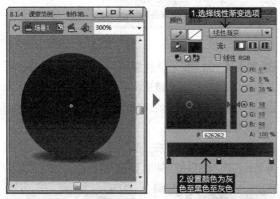

图8-25 绘制圆

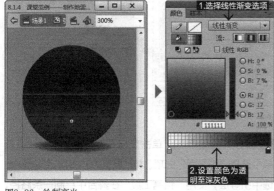

图8-26 绘制高光

07 新建"图层 3"，继续在圆中绘制高光，如图 8-27 所示。

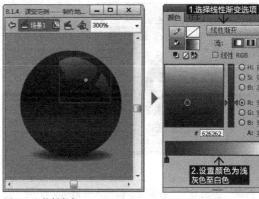

图8-27 绘制高光

图8-28 地雷效果

08 新建"图层 4"继续绘制图形，完成地雷的制作，如图 8-28 所示。

09 新建"图层 5"，选中第 223 帧，插入关键帧。在"库"面板中将"火花"影片剪辑元件拖入舞台中，缩小元件，制作火光反射图像逐帧动画，如图 8-29 所示。

图8-29 火光反射动画

191

10 选中第 301 帧，插入关键帧，在"库"面板中将"爆炸"影片剪辑元件拖入舞台中，如图 8-30 所示。

图8-30 导入"爆炸"元件

11 新建"图层 6"，在第 25 帧插入关键帧。使用"刷子工具"在舞台中绘制一排小黑点，制作炸药的灰烬效果，如图 8-31 所示。

12 新建"图层 7"，在舞台中绘制一个 206 像素 ×10 像素的矩形。右击"图层 7"，在弹出的快捷菜单中选择"遮罩层"命令，创建遮罩层，并插入关键帧。将矩形向右移动，创建形状补间，制作灰烬遮罩动画，如图 8-32 所示。

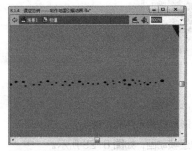

图8-31 绘制小黑点

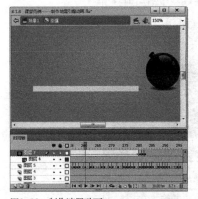

图8-32 制作遮罩动画

13 隐藏遮罩图层。新建"图层 8"，使用"刷子工具"在舞台中绘制一条线，制作地雷的引导线，如图 8-33 所示。

14 再次创建一个遮罩层，使用"钢笔工具"在舞台中绘制一个图形，如图 8-34 所示。

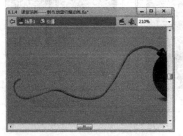

图8-33 绘制引导线

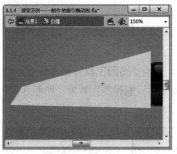

图8-34 绘制图形

15 选中第 164 帧，插入关键帧。继续绘制一个图形，并在两个关键帧之间创建形状补间，如图 8-35 所示。

16 继续插入关键帧，向右移动图形，并创建形状补间，隐藏遮罩层。

17 新建"图层 10"，在"库"面板中将"火花"影片剪辑元件拖入到舞台，如图 8-36 所示。

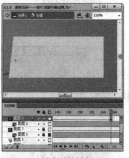

图8-35 创建形状补间

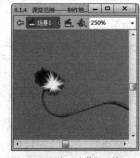

图8-36 导入"火花"元件

18 新建"图层 11"，单击鼠标右键，在弹出的快捷菜单中选择"引导层"选项。将"图层 10"拖入引导层中，选中引导层，使用"铅笔工具"在舞台中绘制一条路径，如图 8-37 所示。

图8-37　绘制路径

19 选中"图层 10"，插入关键帧。将"火花"元件移动到路径的另一头，在关键帧之间创建传统补间，制作路径动画，如图 8-38 所示。

20 隐藏引导层，舞台显示效果如图 8-39 所示。

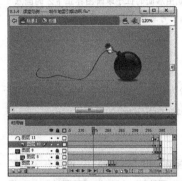
图8-38　制作路径动画

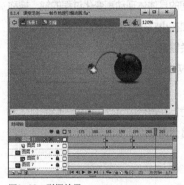
图8-39　引爆效果

21 完成动画制作，按 Ctrl+Enter 快捷键测试动画效果，如图 8-40 所示。

图8-40　测试动画效果

8.2 时间轴的介绍

"时间轴"面板的主要功能就是组织和控制一定时间内图层和帧中的内容。简单地讲，就是用于控制不同图形元素在不同时间的状态。当"时间轴"中的帧在不同的图层中被快速播放时，就形成了连续的动画效果。

8.2.1 认识"时间轴"面板

时间轴在 Flash 动画制作中非常重要，它主要由帧、层和播放指针组成，用户可以改变时间轴的位置。也可以将时间轴停靠在程序窗口的任意位置。图层信息显示在"时间轴"面板的左侧空间，帧和播放指针显示在右侧空间。在"时间轴"面板的底部有一排工具，使用这些工具，可以编辑图层，也可以改变帧的显示方式。

执行"窗口"→"时间轴"命令，打开"时间轴"面板，如图 8-41 所示。时间轴从形式上可以分为左侧的图层操作区和右侧的帧操作区两部分。

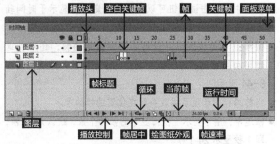
图8-41　"时间轴"面板

193

- **图层**：用于管理舞台中的元素，可以将背景元素和文字元素放置在不同的层中。
- **显示或隐藏所有图层 👁**：单击该按钮，可使所有图层均不可见，再次单击按钮可重新显示所有图层中的内容。
- **锁定或解除锁定所有图层 🔒**：单击该按钮，可锁定所有图层，此时图层将不可操作，再次单击该按钮即可解除锁定。
- **将所有图层显示为轮廓 ▢**：单击该按钮，图层中的内容会以轮廓的形式显示，如图8-42所示。
- **新建图层 🔲**：用于创建新的图层。
- **新建文件夹 📁**：用于新建图层组文件夹，文件夹内可以放置多个图层，如图8-43所示。

图8-42 轮廓显示　　　　　图8-43 新建文件夹

- **删除 🗑**：用于删除指定的图层或文件夹等对象。
- **播放头**：用于指示当前播放位置或编辑位置，可以对其进行单击或拖动操作。
- **帧标题**：位于时间轴的顶部，用于指示帧编号。
- **帧**：帧是Flash影片的基本组成部分，每个层中包含的帧显示在该层名称右侧的一行中。Flash影片播放的过程就是每一帧的内容按顺序呈现的过程。帧放置在图层上，Flash按照从左到右的顺序来播放帧。
- **空白关键帧**：为了在帧中插入要素，首先必须创建空白关键帧。
- **关键帧**：在空白关键帧中插入要素后，该帧就变成了关键帧，帧的显示图标也从空白圆变为实心圆。
- **面板菜单**：单击该按钮会弹出面板菜单，在该菜单中提供了更改时间轴位置和帧大小的命令，通过这些命令可以方便用户更好地对时间轴进行管理和操作。
- **帧居中**：单击该按钮可以自动将选定的帧显示于时间轴可视区域中的中间位置。
- **循环**：单击该按钮可以循环播放指定的帧，还可以通过移动帧标题上的帧括号来指定循环播放的范围，如图8-44所示。
- **当前帧**：用于显示播放头所在位置的帧编号。
- **帧速率**：用于显示1秒内显示的帧的个数，默认为24帧，即1秒显示24个帧。

- **运行时间**：用于显示从开始到播放头所处位置为止动画的播放时间。帧的速率不同，动画的插入时间也不同。
- **绘图纸外观轮廓**：单击该按钮，可在场景中同时显示多帧要素，以便在操作时查看帧的运动轨迹，如图8-45所示。
- **播放控制**：用于控制动画的播放，从左到右依次为：转到第一帧、后退一帧、播放、前进一帧和转到最后一帧。

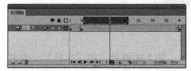　　

图8-44 循环播放范围　　　　　图8-45 运动轨迹

提示

可以单击某一图层缩览图后面的位于眼睛图标正下方的圆点图标，当其呈现为✕时，可单独将图层中的内容隐藏。

8.2.2 认识帧

　　Flash中的帧分为帧、关键帧和空白关键帧3种基本类型，不同类型的帧在时间轴中的显示方式也不相同。

帧

　　帧又称为"普通帧"和"过渡帧"。通常在关键帧后面添加一些起延续作用的帧，被称为"普通帧"；在起始和结束关键帧之间的具体体现动画变化过程的帧，被称为"过渡帧"，比如在小鸡翅膀挥动的动作中，小鸡翅膀抬起到最高为一个关键帧、小鸡翅膀放下到最低为一个关键帧，中间连贯这两个动作的画面，都是过渡帧，如图8-46所示。

　　当选中过渡帧时，在舞台中可以预览这一帧的具体效果，但是过渡帧的具体内容由计算机自动生成，无法进行编辑。

空白关键帧

　　新建文档或图层时，默认情况下图层的第1帧就是空白关键帧。空白关键帧的图标呈现为一个空白圆，表示该关键帧中不包含任何对象和元素，如图8-47所示。

关键帧

　　在选中空白关键帧的状态下向舞台中添加内容，空白关键帧将转换为关键帧，关键帧图标会呈现为一个实心圆，如图 8-48 所示。两个关键帧的中间可以没有过渡帧，但过渡帧前后必须有关键帧，因为过渡帧附属于关键帧，关键帧的内容决定了过渡帧的内容。

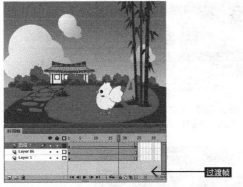

图8-46 过渡帧

图8-47 空白关键帧

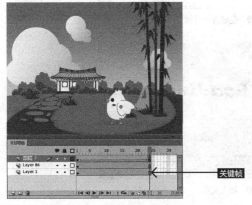

图8-48 关键帧

8.2.3 课堂范例——制作载入条动画

源文件路径	素材/第8章/8.2.3课堂范例——制作载入条动画
视频路径	视频/第8章/8.2.3课堂范例——制作载入条动画.mp4
难易程度	★★

01 启动 Flash CS6 软件，执行"文件"→"新建"命令，新建一个文档。打开"属性"面板，修改文档的"帧频"为20fps，设置舞台颜色为粉红色，如图 8-49 所示。

02 使用"基本矩形工具"绘制一个任意颜色的矩形，然后适当调整其圆角大小，如图 8-50 所示

图8-49 "属性"面板

图8-50 绘制圆角矩形

03 在"颜色"面板中设置形状的"填充颜色"为线性渐变，并设置颜色为浅绿色至白色的渐变，如图 8-51 所示。使用"渐变变形工具"适当调整渐变色填充效果，如图 8-52 所示。

04 再使用同样的方法绘制另一个圆角矩形作为载入条的高光，如图 8-53 所示。

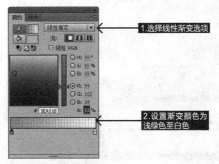

图8-51 "颜色"面板

图8-52 填充渐变效果

图8-53 绘制高光

05 选中"图层1"的第 40 帧，按F5键插入帧。新建"图层2"，将其调整到"图层1"的下方，如图 8-54 所示。

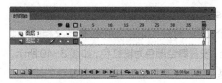

图8-54　新建"图层2"

06 使用"基本矩形工具"再绘制一个矩形，填充颜色
设置为橘黄色，如图 8-55 所示。

07 选中"图层2"的第 40 帧，按 F6 插入关键帧。使
用"部分选取工具"将圆角矩形调整得略长一些，如
图 8-56 所示。在两个关键帧之间单击右键，在弹出
的快捷菜单中选择"创建补间形状"选项，如图 8-57
所示。

图8-55　绘制橘黄色圆角矩形　图8-56　调整圆角矩形

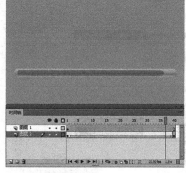

图8-57　创建补间形状

08 在所有图层的最上方新建"图层3"，在"库面板中"
将元件"卡通鸟"拖入到舞台中，如图 8-58 所示。

09 选中第 40 帧，按 F6 键插入关键帧。将人物移动到
载入条的最右侧，在两个关键帧中创建传统补间，如图
8-59 所示。

10 新建"图层4"，使用"文本工具"在舞台中输入
文本"Loading"，设置字体，如图 8-60 所示。

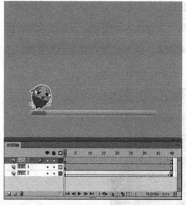

图8-58　拖入"卡通鸟"元件

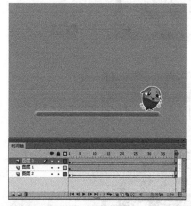

图8-59　创建传统补间

图8-60　输入文本

11 在不同帧上分别插入关键帧，并分别输入文本
"Loading"，如图 8-61 所示。

12 完成动画制作，按 Ctrl+Enter 快捷键测试动画效果，
如图 8-62 所示。

图8-61 输入文本

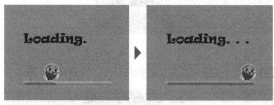

图8-62 测试动画效果

8.3 帧的创建

在制作动画的过程中，Flash 可以根据不同的需要插入不同类型的帧，制作出不同的动画效果。

8.3.1 普通帧的创建

如果要插入普通帧，可以在"时间轴"面板中选中相应的帧，执行"插入"→"时间轴"→"帧"命令，如图 8-63 所示，也可以按 F5 键或单击鼠标右键，在弹出的快捷菜单中选择"插入帧"选项，即可插入普通帧。

图8-63 普通帧的创建

8.3.2 关键帧的创建

如果要插入关键帧，可以在"时间轴"面板中选中

相应的帧，执行"插入"→"时间轴"→"关键帧"命令或"修改"→"时间轴"→"转换为关键帧"命令，如图 8-64 所示，也可以按 F6 键或单击鼠标右键，从弹出的快捷菜单中选择"插入关键帧"选项，即可插入关键帧。

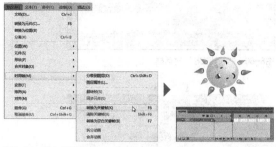

图8-64 插入关键帧

8.3.3 空白关键帧的创建

如果要插入空白关键帧，可以在"时间轴"面板中选中相应的帧，执行"插入"→"时间轴"→"空白关键帧"

命令或"修改"→"时间轴"→"转换为空白关键帧"命令，也可以按 F7 键或单击鼠标右键，在弹出的快捷菜单中选择"插入空白关键帧"选项，如图 8-65 所示，即可插入空白关键帧。

图8-65 插入空白关键帧

8.3.4 课堂范例——制作白夜交替动画

源文件路径	素材/第8章/8.3.4课堂范例——制作白夜交替动画
视频路径	视频/第8章/8.3.4课堂范例——制作白夜交替动画.mp4
难易程度	★★★

01 启动 Flash CS6 软件，执行"文件"→"新建"命令，新建一个文档（宽 550 像素，高 400 像素），如图 8-66 所示。将素材"湖边.fla"导入到舞台，如图 8-67 所示。

197

图8-66 "新建文档"对话框

图8-67 导入"湖边"素材

02 选中第 80 帧，按 F5 键插入帧，如图 8-68 所示。

03 新建"图层 2"，将素材"太阳 .fla"导入到舞台中，如图 8-69 所示。

04 按 F8 键将其转换为元件，命名为"太阳"，如图 8-70 所示。选中第 80 帧，按 F6 插入关键帧，适当调整太阳的位置，如图 8-71 所示。

图8-68 插入帧

图8-69 导入"太阳"素材

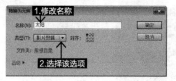

图8-70 转换为元件

图8-71 调整太阳位置

05 在两个关键帧之间创建传统补间，如图 8-72 所示。

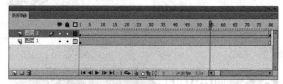

图8-72 创建传统补间

06 单击"图层 1"，选中"湖边"素材，按 F8 键将其转换为元件，命名为"湖边"。选中第 81 帧，按 F6 插入关键帧，同时单击"图层 2"，用同样的方法插入关键帧。在两个图层中分别继续插入关键帧，如图 8-73 所示。

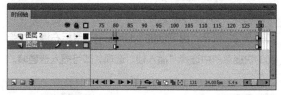

图8-73 插入关键帧

07 选中"图层 1"的第 130 帧，单击舞台中的元件，打开"属性"面板，设置其"亮度"为 -78%，如图 8-74 所示，效果如图 8-75 所示。在两个关键帧之间创建传统补间。

图8-74 "属性"面板　　　图8-75 "亮度"为-78%

08 选中"图层2"的第130帧，单击舞台中的元件，打开"属性"面板，设置其Alpha的值为0%，如图8-76所示，效果如图8-77所示，在两个关键帧之间创建传统补间。

图8-76 "属性"面板　　　图8-77 Alpha值为0%

09 再次选中"图层1"，在第180帧中插入帧。新建"图层3"，在第110帧插入关键帧，将"月亮"素材导入到舞台，如图8-78所示，将"月亮"素材转换为元件，命名为"月亮"。

10 在第180帧插入关键帧，选择一个普通帧，单击舞台中的月亮，打开"属性"面板，设置其Alpha的值为0。在两个关键帧之间创建传统补间，如图8-79所示。最后再用相同的方法制作月亮转动效果，如图8-80所示。

图8-78 导入"月亮"素材

图8-79 创建传统补间

图8-80 月亮转动效果

11 完成动画制作，按快捷键 Ctrl+Enter 测试动画效果，如图8-81所示。

图8-81 测试效果图

8.4 帧的编辑

在"时间轴"面板中，可以对帧进行一系列的编辑，包括选择、复制、剪切、粘贴等操作。

8.4.1 帧的选择

Flash 提供了多种选择帧的方法，可以快速对单帧及连续或不连续的多帧进行选择。

- 选择单个帧：如果要选择一个帧，可单击该帧。按住 Ctrl 键，单击其他的帧可以逐一进行选择。

图8-82　选择多个连续的帧

图8-83　选择多个不连续的帧

图8-84　选择所有帧

- 选择多个连续的帧：如果要选择多个连续的帧，可以单击所要选择的连续帧中的第1帧，然后拖动鼠标至最后一帧，或按住 Shift 键单击第一帧和最后一帧，如图 8-82 所示。
- 选择多个不连续的帧：如果要选择多个不连续的帧，可以按住 Ctrl 键逐个单击需要选择的多个帧，如图 8-83 所示。
- 选择所有帧：如果要选择时间轴中的所有帧，执行"编辑"→"时间轴"→"所有帧"命令，即可选择所有帧，如图 8-84 所示。

- 选择所有静态帧：如果要选择整个静态帧的范围，可以双击两个关键帧之间的帧，如图 8-85 所示。
- 选择整个帧范围：如果要选择整个帧的范围，也就是补间动画，可以在补间动画中的任意一帧双击，即可全部选中，如图 8-86 所示。或按住 Shift 键，单击补间动画的第一帧和最后一帧。

图8-85　选择所有静态帧

图8-86　选择整个帧范围

提示

可以执行"编辑"→"全选/取消全选"命令来选中"时间轴"面板中的所有帧，或取消所有帧。

8.4.2 帧的移动

选择需要移动的帧或帧序列，将鼠标指针放置在所选帧范围的上方，指针右下角将出现一个矩形框，单击并拖动鼠标，即可将其移动到其他位置，如图 8-87 所示。

图8-87　移动帧

提示

将过渡帧移动位置后，该帧会在新位置自动转换为关键帧。向左或向右移动动画中的关键帧时，会更改动画的播放长度。

8.4.3 帧的翻转

在"时间轴"面板中选择帧序列，执行"修改"→"时间轴"→"翻转帧"命令，或单击鼠标右键，在弹出的快捷菜单中选择"翻转帧"选项，即可对选择的帧序列进行翻转操作，如图8-88所示。

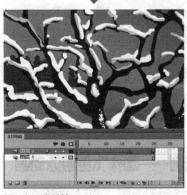

图8-88 翻转帧

若要对帧序列应用"翻转帧"命令，帧序列的起始帧和结束帧必须都是关键帧，否则该命令将不可用。

8.4.4 帧的复制

在制作动画的过程中，可以根据需要复制帧或帧序列。如果要复制单个帧，可以按住Alt键将该帧拖动到相应的位置。也可以使用鼠标右键单击要复制的帧，在弹出的快捷菜单中选择"复制帧"选项，在要粘贴的位置

单击鼠标右键，选择"粘贴"选项，如图8-89所示。

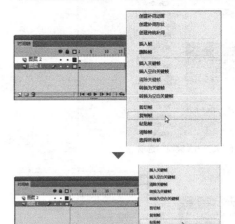

图8-89 复制粘贴帧

要复制帧序列，可以选择相应的帧序列，执行"编辑"→"时间轴"→"复制帧/剪切帧"命令，在要替换的帧或帧序列上执行"编辑"→"时间轴"→"粘贴帧"命令，如图8-90所示。

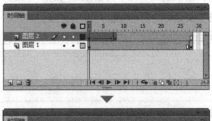

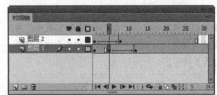

图8-90 复制粘贴帧序列

8.4.5 帧的转换

Flash可以在不同的帧类型之间相互转换。使用鼠标右键单击某一普通的帧，在弹出的快捷菜单中选择"转换为关键帧"或"转换为空白关键帧"选项，即可将选择的帧转换为关键帧或空白关键帧，如图8-91所示。

若要将关键帧或空白关键帧转换为普通的帧，可以使用鼠标右键单击相应的关键帧或空白关键帧，在弹出的快捷菜单中选择"消除关键帧"选项即可，如图8-92所示。

201

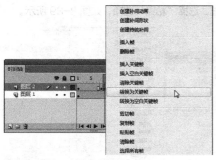

图8-91 选择"转换为关键帧"选项

图8-92 选择"消除关键帧"选项

被消除的关键帧及到下一个关键帧之间的所有帧的内容,都将被该关键帧之前的帧的内容所替换。这时它们的作用就和普通的帧一样,只是为了延长上一状态的播放时间。

提示

在"时间轴"面板中,当删除的是连续帧中的某一个或多个帧时,后面的帧会自动提前填补空位。在"时间轴"面板中,两个帧之间是不能有空缺的,如果要使两个帧之间不出现任何内容,可以使用空白关键帧。

8.4.6 帧的删除

在 Flash CS6 中,如果文档中有些无意义的帧,可以将其删除。选择要删除的帧或帧序列,执行"编辑"→"时间轴"→"删除帧"命令,可将选择的所有帧删除,周围的帧保持不变,如图 8-93 所示。

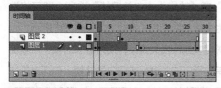

图8-93 删除帧

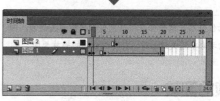

图8-93 删除帧(续)

也可以使用鼠标右键单击要删除的帧或帧序列,在弹出的快捷菜单中选择"删除帧"选项就可将其删除。

8.4.7 帧的清除

在 Flash CS6 中,清除帧和删除帧的方法类似。两者的区别在于,清除帧只是删除帧中的内容,而帧依然存在,如图 8-94 所示。选择需要清除的帧,单击鼠标右键,在弹出的快捷菜单中选择"清除帧"选项,即可将选择的帧中的内容清除。

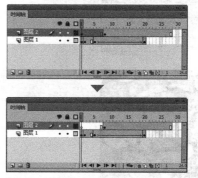

图8-94 清除帧

8.4.8 课堂范例——制作飞鱼游泳动画

源文件路径	素材/第8章/8.4.8课堂范例——制作飞鱼游泳动画
视频路径	视频/第8章/8.4.8课堂范例——制作飞鱼游泳动画.mp4
难易程度	★★★

01 启动 Flash CS6 软件,执行"文件"→"新建"命令,新建一个文档(宽 500 像素,高 300 像素),如图 8-95 所示。将素材"海滩.fla"导入到舞台,如图 8-96 所示。

02 选中第 130 帧,按 F5 键插入帧。新建"图层 2",将"鱼儿"素材导入到舞台左侧,如图 8-97 所示。

03 按 F8 键将素材转换为元件,命名为"鱼儿",如图 8-98 所示。

图8-95 新建文档

图8-96 导入素材"海滩.fla"

图8-97 导入"鱼儿"素材

图8-98 转换为元件

04 按住 Alt 键并拖动鼠标复制一个鱼儿，执行"修改"→"变形"→"垂直翻转"命令，如图 8-99 所示。

图8-99 复制并垂直翻转图形

05 打开"属性"面板，设置元件的 Alpha 值为 30%，如图 8-100 所示，制作出倒影效果，如图 8-101 所示。

图8-100 设置Alpha值

图8-101 倒影效果

06 选中"图层2"，按 Ctrl+G 快捷键将鱼儿和倒影编组。再选中第 45 帧，按 F6 键插入关键帧，将鱼儿移动到舞台右侧，如图 8-102 所示。

07 在两个关键帧之间创建传统补间。选中第 1 帧至第

45 帧，单击鼠标右键选择"复制帧"选项，然后再选择第 65 帧，单击鼠标右键选择"粘贴帧"选项，如图 8-103 所示。

图8-102 移动鱼儿

图8-103 复制粘贴帧

08 选中所有复制得到的帧，单击鼠标右键，选择"翻转帧"选项，如图 8-104 所示。

09 选中第 65 帧，执行"修改"→"变形"→"水平翻转"命令将鱼儿翻转，如图 8-105 所示。

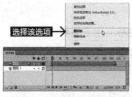

图8-104 选择"翻转帧"选项

图8-105 翻转"鱼儿"

10 使用相同的方法水平翻转第 125 帧中的鱼儿，完成该动画的制作。按住 Ctrl+Enter 快捷键测试动画效果，如图 8-106 所示。

图8-106 测试动画效果

8.5 帧属性的设置

在 Flash CS6 中，区分关键帧的方法是为关键帧设置属性。

8.5.1 标签帧的操作

标签是绑定在指定的关键帧上的标记，当移动、插入或删除帧时，标签会随指定的关键帧移动。在脚本中指定关键帧时，一般使用标签。标签包含在发布后的 Flash 影片中，所以要尽量使用短的标签以减小文件的大小。

在"时间轴"面板中选择一个关键帧，在"属性"面板中的"帧"文本框中为关键帧命名，即可创建帧标签，如图 8-107 所示。选中创建标签的帧，在"属性"面板中的"标签类型"下拉列表中可以选择帧标签的类型，分别为"名称""注释"和"锚记"。选择不同的类型，在"时间轴"面板中也有不同的表现效果。

图8-107 标签帧的操作

在帧标签的类型中，"名称"用于标识"时间轴"面板中的关键帧名称，在动作脚本中定位帧时，则使用帧的名称。

8.5.2 注释帧的操作

"注释"表示注释类型的帧标签。在 Flash 中，只对所选中的关键帧加以注释和说明。由于文件发布为 Flash 影片时不包含帧注释的标识信息，所以不会增加导出的 swf 文件的体积。注释帧就像脚本中使用的注释一样，其目的在于对动画的内容做出解释，方便动画制作人员把握动画的编辑流程。在多人合作开发一个 Flash 影片时，注释显得尤其重要。如图 8-108 所示。

图8-108 注释帧的操作

8.5.3 锚记帧的操作

使用"锚记"类型的帧标签可以使用浏览器中的"前进"和"后退"按钮，从一个帧跳到另一个帧，或是从一个场景跳到另一个场景，从而使 Flash 动画的导航变得简单。将文档发布为 SWF 文件时，文件内部会包含帧名称和锚记帧的标识信息，文件的体积相应的也会增大，如图 8-109 所示。

图8-109 锚记帧的操作

8.5.4 帧频的设置

帧频指动画播放的速度，以每秒播放的帧数（fps）为度量单位。帧频太慢会导致动画播放不够流畅，帧频太快则会导致动画的细节变得模糊。Flash 新建文档的默认帧频为 24fps，这个频数可以让播放素材通常能够在 Web 上获得较好的动画效果，而标准的动画速率也是 24fps。

如果需要修改 Flash 文档的帧频，可以单击舞台的空白位置，在"属性"面板中的"帧频"文本框中设置新的帧频，如图 8-110 所示，或执行"修改"→"文档"命令，在弹出的"文档设置"对话框中进行设置，如图

8-111 所示。也可以直接在"时间轴"面板中单击"帧速率"文本框，使其激活，然后按 Enter 键进行确认，即可设置帧频，如图 8-112 所示。

图8-110 "属性"面板

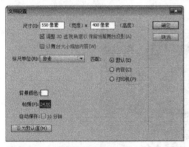

图8-111 "文档设置"对话框

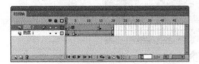

图8-112 "时间轴"面板

动画的播放速度会直接影响动画的效果，而且 Flash 仅允许为一个文档指定唯一的帧频，所以最好在制作动画开始之前就确定好帧频。

8.5.5 课堂范例——制作鹿奔跑动画

源文件路径	素材/第8章/8.5.5课堂范例——制作鹿奔跑动画
视频路径	视频/第8章/8.5.5课堂范例——制作鹿奔跑动画.mp4
难易程度	★★★

01 启动 Flash CS6 软件，执行"文件"→"新建"命令，新建一个文档，设置"帧频"为 12fps，如图 8-113 所示。

02 执行"插入"→"新建元件"命令，新建一个名为"鹿奔跑"的元件，类型为"影片剪辑"，如图 8-114 所示。

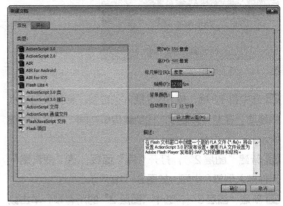

图8-113 新建文档

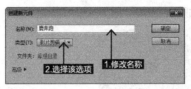

图8-114 创建新元件

03 再执行"文件"→"导入"→"导入到舞台"命令，将素材"鹿奔跑 0001.png"导入到舞台。在弹出的提示对话框中单击"是"按钮，如图 8-115 所示，导入图像序列，如图 8-116 所示。

图8-115 提示对话框

图8-116 导入图像序列

04 返回场景，将素材"背景 .jpg"导入到舞台，适当调整位置，如图 8-117 所示。

205

图8-117　导入背景

05 选中第 70 帧，按 F6 键插入关键帧，将背景向右水平移动，在两个关键帧之间创建传统补间，如图 8-118 所示。

06 新建"图层 2"，打开"库"面板，将"鹿奔跑"元件拖入到舞台中间，如图 8-119 所示。

07 新建"图层 3"，选中"图层 2"的所有帧，单击鼠标右键选择"复制帧"选项，再选中"图层 3"的第 1 帧，单击右键选择"粘贴帧"选项。

图8-118　创建传统补间

图8-119　拖入"鹿奔跑"元件

08 打开"属性"面板，在"名称"文本框中输入"影子"，"类型"下拉列表中选择"名称"，如图 8-120 所示。

图8-120　输入名称

09 单击舞台中复制的鹿，执行"修改"→"变形"→"垂直翻转"命令，并调整位置，如图 8-121 所示。

10 打开"属性"面板，选择"色彩效果"选项，在"样式"下拉列表中选择"高级"，参数设置如图 8-122 所示，使复制的鹿变为黑色，如图 8-123 所示。

图8-121　垂直翻转图像

图8-122　设置"色彩效果"参数　　图8-123　效果图

11 再选择"滤镜"选项，打开"滤镜"面板，在左下角单击"添加滤镜" 按钮，选择"模糊"滤镜，如图 8-124 所示，设置"模糊"参数，如图 8-125 所示，从而制作鹿的影子，效果如图 8-126 所示。

图8-124 选择"模糊"滤镜

图8-125 设置"模糊"
参数

图8-126 鹿的影子效果

12 使用"任意变形工具"将影子适当压扁，如图8-127所示。

13 完成动画制作，Ctrl+Enter 快捷键测试动画效果，如图8-128所示。

图8-127 变形"影子"

图8-128 测试动画效果

8.6 时间轴基本操作

在 Flash CS6 中，时间轴的基本操作包括编辑多个帧、设置时间轴样式等。

8.6.1 多个帧的编辑

在 Flash CS6 中，单击"编辑多个帧"按钮可以对整个序列中的对象进行修改。在"时间轴"面板中选中一个帧，然后单击"编辑多个帧" 按钮，如图8-129所示，在"时间轴"面板上方会显示出一个帧括号，如图8-130所示，此时可以对帧内容进行修改。

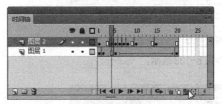

图8-129 选择"编辑多个帧"按钮

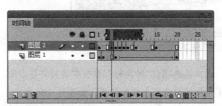

图8-130 编辑多个帧

8.6.2 设置时间轴样式

在 Flash CS6 中，单击"时间轴"面板右上角的菜单按钮 ，弹出面板菜单，可以根据需要在面板菜单中选择相应的选项设置时间轴的样式，如图8-131所示。

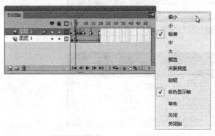

图8-131 时间轴的样式

- 很小：选择该选项，"时间轴"面板中的帧将以最小的情况显示。
- 小：选择该选项，"时间轴"面板中的帧将以较小的情况显示。
- 标准：系统默认的样式选项。
- 中：选择该选项，"时间轴"面板中的帧将以中等大小显示。
- 大：选择该选项，"时间轴"面板中的帧将以最大的情况显示（对于查看声音波形的详细情况很有用），如图8-132所示。

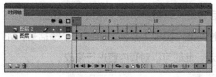

图8-132　"大"样式

- 预览：选择该选项，"时间轴"面板中的帧将以内容缩略图显示，如图8-133所示。

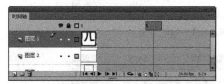

图8-133　"预览"选项

- 关联预览：选择该选项，"时间轴"面板中的帧将显示每个完整帧（包括空白空间）的缩略图，如图8-134所示。
- 较短：选择该选项，"时间轴"面板中的帧将减小帧单元格行的高度。
- 彩色显示帧：选择该选项，可以打开或关闭用彩色显示帧顺序，如图8-135所示。

图8-134　"关联预览"选项

图8-135　取消勾选"彩色显示帧"

8.6.3 课堂范例——制作男孩走路跳跃动画

源文件路径	素材/第8章/8.6.3课堂范例——制作男孩走路跳跃动画
视频路径	视频/第8章/8.6.3课堂范例——制作男孩走路跳跃动画.mp4
难易程度	★★

01 启动 Flash CS6 软件，执行"文件"→"新建"命令，新建一个文档（宽1100像素，高720像素），如图8-136所示。将素材"校园.jpg"导入到舞台，如图8-137所示。

图8-136　新建文档

图8-137　导入素材

02 选中"图层1"中的第85帧，按F5键插入帧，"时间轴"面板如图8-138所示。

03 单击"时间轴"面板中的"新建图层"按钮，新建"图层2"。

04 执行"文件"→"打开"命令，打开素材"男孩跳跃.fla"，将素材文档中的所有帧复制到新建文档中的"图层2"，如图8-139所示。

图8-138　插入帧

图8-139 复制所有帧

05 锁定"图层1",单击"时间轴"面板中的"编辑多个帧"按钮,并调整帧范围,如图8-140所示。

图8-140 调整帧范围

06 使用"任意变形工具"在舞台中单击,并拖动鼠标指针选中所有的人物,如图8-141所示。

07 将所有人物移动到合适的位置,如图8-142所示。

图8-141 选中所有人物

图8-142 移动人物位置

08 完成该动画的制作,按 Ctrl+Enter 快捷键测试动画效果,如图 8-143 所示。

图8-143 测试动画效果

8.7 补间

Flash 中的动画包括逐帧动画、补间形状动画、传统补间动画和补间动画。本节介绍 Flash 动画制作的基本内容,以便用户可以熟练运用 Flash 制作简单的动画效果。

8.7.1 创建补间动画

创建补间动画的前提是选定对象必须为元件,如果对象不为元件,则会弹出图 8-144 所示的对话框。

单击该对话框中的"确定"按钮,系统会自动将舞台中的对象转换为元件。右击图层中任意一个普通帧或者关键帧,执行"创建补间动画"命令,即可创建补间动画。

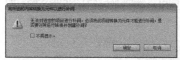

图8-144 提示对话框

此时,首关键帧和关键帧后面的普通帧都将变为浅蓝色(#AFD7FF),如图8-145所示。

图8-145 创建补间动画

8.7.2 创建传统补间

选择任意一个需要创建传统补间的普通帧，单击鼠标右键，执行"创建传统补间"命令，即可为两个关键帧之间的普通帧创建传统补间。此时，首关键帧和尾关键帧都将变为紫色（#CCCCFF），如图8-146所示。还可以在"属性"面板中设置补间缓动值和旋转方向，如图8-147所示。

图8-146　创建传统补间　　图8-147　设置"补间"参数

8.7.3 补间形状动画

创建补间形状动画的前提是两个关键帧中的笔触和填充为运动的基本单位或者任何打散的图形。满足这一前提后，在两个关键帧之间选择任意一个普通帧，右击执行"创建补间形状"命令，即可将普通帧转换为补间形状帧，如图8-148所示。

图8-148　创建补间形状

8.7.4 课堂范例——制作写轮眼

源文件路径	素材/第8章/8.7.4课堂范例——制作写轮眼
视频路径	视频/第8章/8.7.4课堂范例——制作写轮眼.mp4
难易程度	★★★

01 启动Flash CS6软件，执行"文件"→"新建"命令，新建一个文档（宽450像素，高130像素），如图8-149所示。

图8-149　"新建文档"对话框

02 使用"刷子工具"在舞台中绘制一个图形，填充灰色（#575757），如图8-150所示。

03 选中第7帧，按F6键插入关键帧，使用"铅笔工具"在舞台中绘制一个眼眶，如图8-151所示。

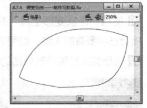

图8-150　绘制图形　　图8-151　绘制眼眶

04 选中第1~7帧中的任意一帧，右击执行"创建补间形状"命令，将普通帧转换为补间形状帧，效果如图8-152所示。

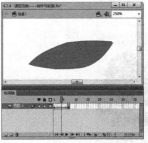

图8-152　创建补间形状

05 新建"图层2"，复制"图层1"中的所有帧到"图层2"，将图形水平翻转并移动到舞台左侧，制作眨眼效果，如图8-153所示。

06 继续复制1~7帧的内容，制作多次眨眼的动画。

07 新建"图层3"，使用绘图工具在左眼中绘制一个眼球图形，填充红色（#C93941），如图8-154所示。

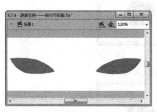

图8-153 复制帧　　　　图8-154 绘制眼球图形

08 单击绘制的图形，按F8键将图形转换为元件，双击该元件，进入元件编辑模式，新建"图层2"。

09 继续绘制一个黑色蝌蚪形状的图形，如图8-155所示，将图形转换为元件。

10 选中第25帧，插入关键帧。选中第1帧，单击黑色蝌蚪形状的元件，在"属性"面板中将"Alpha"值设置为0%。在两个关键帧之间右击，执行"创建传统补间"命令，传统补间效果如图8-156所示。

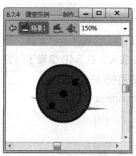

图8-155 绘制黑色蝌蚪图形　　图8-156 创建传统补间

11 新建"图层3"，在第25帧插入关键帧，打开"动作"面板，添加代码"stop();"，如图8-157所示。

图8-157 添加代码

12 返回"场景1"，选中第31帧，插入关键帧。双击该元件，进入元件编辑模式。插入关键帧，创建引导层并绘制圆形路径，如图8-158所示，并制作黑色蝌蚪图形转动的传统补间动画，如图8-159所示。

13 新建"图层4"，在第20帧插入关键帧，打开"动作"面板，同样添加"stop();"代码。

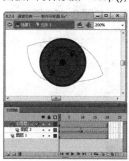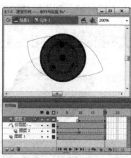

图8-158 绘制圆形路径　　　图8-159 创建传统补间

14 返回"场景1"，选中第50帧，插入关键帧，双击该元件，进入元件编辑模式，新建图层。选中第20帧，在圆形上绘制新的图形，如图8-160所示，并在关键帧之间创建补间形状，制作补间形状动画。

15 返回"场景1"，双击圆形元件，插入关键帧，使用同样的方法，继续绘制图形，制作补间形状动画，如图8-161和图8-162所示。

16 退出元件编辑模式，复制之前制作的补间动画的内容，使其反复播放。

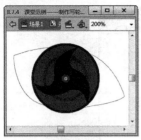

图8-160 绘制图形

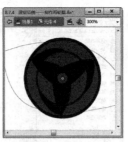

图8-161 创建补间形状

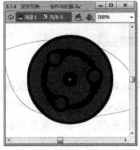

图8-162 创建补间形状

17 新建图层，右击选择"遮罩层"选项，复制"图层1"中的所有帧，制作眼球的遮罩层，如图8-163所示。

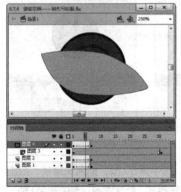

图8-163 制作眼球遮罩

18 新建两个图层，将遮罩层与被遮罩层分别复制到新图层中，并水平翻转图形，制作右眼的补间形状动画。

19 完成该动画的制作，按Ctrl+Enter快捷键测试动画效果，如图8-164所示。

图8-164 测试动画效果

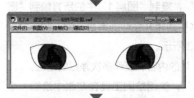

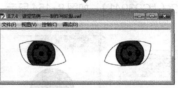

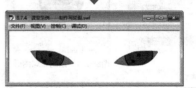

图8-164 测试动画效果（续）

8.8 综合训练——制作卡通设计公司网站

源文件路径	素材/第8章/8.8综合训练——制作卡通设计公司网站
视频路径	视频/第8章/8.8综合训练——制作卡通设计公司网站.mp4
难易程度	★★★★

01 启动Flash CS6软件，执行"文件"→"新建"命令，新建一个文档（宽766像素，高548像素），设置"帧频"为35fps，如图8-165所示。

图8-165 "新建文档"对话框

02 执行"插入"→"新建元件"命令，新建一个命名为"图标"的元件，类型为"图形"，如图8-166所示。

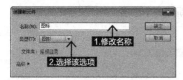

图8-166 "创建新元件"对话框

03 执行"文件"→"导入"→"导入到舞台"命令，将素材"图标 .png"导入到舞台，如图 8-167 所示。

04 返回场景，选中第 2 帧，按 F6 键插入关键帧。打开"库"面板，将"图标"元件拖入舞台，并适当调整位置，如图 8-168 所示。

05 分别在第 4 帧、第 6 帧、第 8 帧、第 10 等帧，每隔两帧按 F6 键插入关键帧，直到第 20 帧为上，如图 8-169 所示。

图8-167 导入素材

图8-168 调整元件位置

图8-169 插入关键帧

06 选择每个关键帧，使用"任意选择工具"分别旋转并移动图标圆形。单击"绘图纸外观"按钮，制作滚动

效果，如图 8-170 所示，制作完成滚动图标后，可以使用"绘图纸外观"查看效果，如图 8-171 所示。

图8-170 旋转移动图形

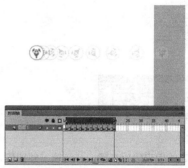

图8-171 滚动效果

07 选中第 48 帧，按 F6 键插入关键帧。使用"任意选择工具"将图标调整得大一些，如图 8-172 所示。继续插入关键帧，在不同的关键帧中调整图标的大小，制作图标变大又变小的效果。使用"绘图纸外观"查看效果，如图 8-173 所示。

08 在第 76 帧插入关键帧，将"图标"移动到舞台左上角，再在第 168 帧插入关键帧，如图 8-174 所示。

图8-172 调整图标

213

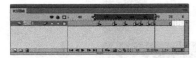

图8-173　查看效果

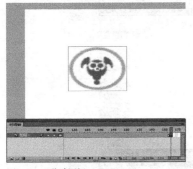

图8-174　移动图标

09 在每个关键帧之间单击鼠标右键，并选择“创建传统补间”选项，为图标创建补间动画，如图8-175所示，使用“绘图纸外观”查看整个图标动画效果，如图8-176所示。

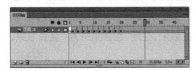

图8-175　创建传统补间

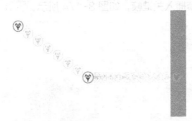

图8-176　查看动画效果

10 新建“图层2”，选中第77帧，按F6键插入关键帧。使用“文本工具”在舞台左上角输入文本“走”。新建“图层3”，选中第79帧，插入关键帧，并在舞台左上角继续输入文本“进”，如图8-177所示。

11 使用同样的方法新建多个图层，制作文字动画效果，如图8-178所示。

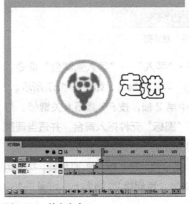

走进

图8-177　输入文本

走进卡通世界 缔造梦想传奇

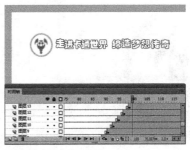

图8-178　文字动画效果

12 新建“图层14”，执行“插入”→“新建元件”命令，新建一个命名为“文本”的元件，类型为“图形”，如图8-179所示。

13 在新建的“文本”元件编辑窗口中，新建“图层1”，在“图层1”中输入文字。新建“图层2”，并绘制形状，如图8-180所示。

创建新元件
名称(N): 文本
类型(T): 图形
确定
取消
1.修改名称
2.选择该选项

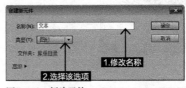

图8-179　新建元件

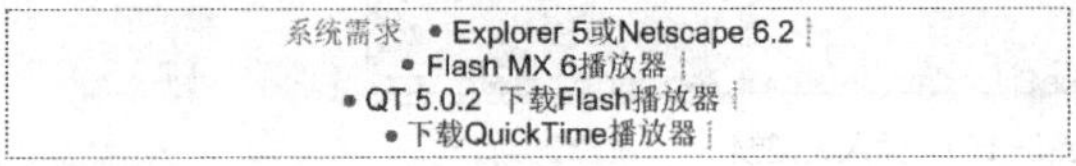

系统需求
• Explorer 5或Netscape 6.2
• Flash MX 6播放器
• QT 5.0.2 下载Flash播放器
• 下载QuickTime播放器

图8-180　绘制形状

14 返回场景，在第 93 帧插入关键帧。将"文本"元件拖入舞台右下角，并新建"图层 15"。同样在第 93 帧插入关键帧，在舞台右下角继续输入文本，如图 8-181 所示。

15 新建"图层 16"，在第 93 帧插入关键帧，并制作一个不规则白色形状，将文字遮住。在第 129 帧插入关键帧，将形状图形向左移动以显示文字，如图 8-182 所示。

图8-181　继续输入文本

图8-182　制作文字遮罩

16 新建"图层 17"，并将该图层放入最底层。在第 130 帧插入关键帧，然后执行"文件"→"导入"→"导入到舞台"命令，分别打开素材"卡通场景.fla"和素材"卡通狗.fla"，如图 8-183 和图 8-184 所示。将两个素材复制到舞台，并放入同一场景中。

图8-183　"卡通场景"素材　　图8-184　"卡通狗"素材

17 使用"任意变形工具"将场景缩小，然后按 F8 键将场景图形转换为"影片剪辑"类型的元件。使用"3D旋转工具"旋转场景，如图 8-185 所示。

18 选中第 137 帧，按 F6 键插入关键帧后，将这一帧的图形转换为元件，类型为"影片剪辑"。再选中第 138 帧插入关键帧，同样转换为元件，并进行细微的旋转调整，如图 8-186 所示。

19 用同样的方法，在每一帧都分别插入关键帧，一直到 166 帧为止，并将每一帧的图形转换为"影片剪辑"类型的元件。使用"3D旋转工具"旋转场景，制作场

景旋转的效果。在第 130~137 帧之间创建传统补间，如图 8-187 所示。

图8-185　旋转缩小的场景

图8-186　插入关键帧

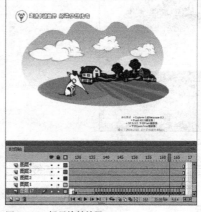

图8-187　场景旋转效果

215

20 选中第 167 帧，将场景中的"卡通狗"删除，如图 8-188 所示。

21 新建"图层 18"，执行"插入"→"新建文件"命令，新建一个命名为"播放按键"的元件，类型为"影片剪辑"，如图 8-189 所示。在舞台中输入文本"播放"，并创建帧，如图 8-190 所示。

图8-188　删除"卡通狗"

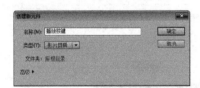

图8-189　新建元件

图8-190　输入文本

22 新建两个图层，分别命名为"活动层"和"标签层"。选中"活动层"，打开"动作"面板，添加代码"stop();"，如图 8-191 所示。

23 选中"标签层"，在"属性"面板中输入名称"go"，如图 8-192 所示，"时间轴"面板如图 8-193 所示。

图8-191　添加代码

图8-192　输入标签名称

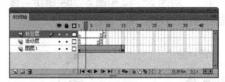

图8-193　"时间轴"面板

24 新建多个图层，在每个图层的第 167 帧插入关键帧，将"卡通狗"的眼睛、尾巴素材分离，并复制到不同的图层中，如图 8-194 所示。

25 新建"图层 25"，单击鼠标右键，选择"遮罩层"选项，如图 8-195 所示。制作两只眼睛的遮罩层，如图 8-196 所示。

图8-194　分离复制素材

图8-195 选择
"遮罩层"选项

图8-196 制作眼睛遮罩

26 再次新建多个图层，分别在每个图层的第168帧插入关键帧，在形状遮罩舞台中制作一些网页按钮，如图8-197所示。

27 新建一个图层，改名为"活动层"，分别在第137帧和168帧插入关键帧。选择第1帧，打开"动作"面板，添加代码（代码段详见素材\第8章\8.8网站代码.txt文件），如图8-198所示。再选中第168帧，打开"动作"面板，添加代码"stop();"，如图8-199所示。

图8-197 制作遮罩按钮

图8-198 添加代码

图8-199 添加代码

28 最后再新建一个图层，导入音频，为动画添加音效，如图8-200所示。

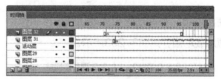

图8-200 添加音效

29 完成动画制作，按Ctrl+Enter快捷键测试动画效果，如图8-201所示。

▼

图8-201 测试动画效果

217

8.9 课后习题

◆**习题1：** 使用渐变变形工具中的线性渐变功能和传统补间技术制作简单的动画光线与光斑，即绘制光线直射及光线反弹效果，如图8-202所示。

源文件路径	素材/第8章/8.9/习题1——制作简单动画光线与光斑
视频路径	视频/第8章/8.9/习题1——制作简单动画光线与光斑.mp4
难易程度	★★

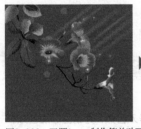

图8-202 习题1——制作简单动画光线与光斑

◆**习题2：** 使用遮罩、补间动画和逐帧动画技术制作创意加载动画，如图8-203所示。

源文件路径	素材/第8章/8.9/习题2——加载动画创意网站Loading
视频路径	视频/第8章/8.9/习题2——加载动画创意网站Loading.mp4
难易程度	★★★

图8-203 习题2——制作加载动画创意网站Loading

◆**习题3：** 利用本章所学的使用绘图纸外观、复制粘贴帧、"调整颜色"滤镜制作GIF动图聊天表情，如图8-204所示。

源文件路径	素材/第8章/8.9/习题3——GIF动图聊天表情
视频路径	视频/第8章/8.9/习题3——GIF动图聊天表情.mp4
难易程度	★★

图8-204 习题3——制作GIF动图聊天表情

218

本章视频时长
68 分钟

第 9 章

简单动画效果的制作

Flash 最主要的功能是制作动画，而动画是对象的尺寸、位置、颜色及形状随时间发生变化的过程。在前面的章节中，读者已经对 Flash 的基本功能有了一定的了解，具备动画制作的基本能力了，因此，本章主要介绍制作逐帧动画、渐变动画、引导动画、遮罩动画及骨骼动画的操作方法。

本章学习目标

- 了解动画原理
- 了解"行为"面板
- 掌握骨骼动画的制作

本章重点内容

- 掌握逐帧动画的制作
- 掌握渐变动画的制作

扫 码 看 课 件

扫 码 看 视 频

9.1 了解动画原理

动画的播放是通过迅速且连续地呈现一系列图像获得的,在这个播放的过程中,由于这些图像在相邻的帧之间有较小的变化,所以形成了动态效果。实际上,在舞台上看到的第1帧是静止的画面,只有在各帧沿一定速度移动时,从舞台上才能看到动画效果。

9.1.1 时间轴动画的原理

时间轴动画的原理与电影的原理一样,都是根据视觉暂留原理制作的。人的视觉具有暂留的特性,当人的眼睛看到一个物体后,图像会短暂地停留在眼睛的视网膜上而不会马上消失。利用这一特性,在一幅图像还没有消失之前将另一幅图像呈现在眼前,就会得到一种连续变化的效果,如图9-1所示。

图9-1 连续变化效果

Flash动画与电影一样,都是基于帧构成的画面。它通过连续播放若干静止的画面来产生动画效果,这些静止的画面被称为帧,每一帧类似于电影底片上的每一格图像画面。控制动画播放速度的参数称为fps,即每秒播放的帧数。在Flash动画的制作过程中,一般将每秒的播放帧数设置为12,但即使这样设置,Flash的工作量仍然很大,因此引入了关键帧的概念。在制作动画时,可以先制作关键帧画面,关键帧之间的帧则可以通过插值的方式来自动产生。这样可以大大提高动画制作的效率,如图9-2所示。

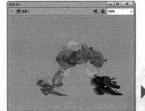

图9-2 关键帧动画

9.1.2 时间轴动画的分类

使用Flash CS6制作动画时,前后相邻的两个帧中的内容发生变化即可形成动画。Flash动画分为逐帧动画和渐变动画两种类型,在逐帧动画中,用户需要为每一帧创建动画内容,即绘制图形或导入素材图像,如图9-3所示为逐帧动画。

图9-3 逐帧动画

由于制作逐帧动画的工作量非常大,所以Flash CS6提供了一种简单的动画制作方法,即使用关键帧和渐变动画。渐变动画是指在两个关键帧之间由Flash计算生成中间各帧的动画,如图9-4所示。

图9-4 渐变动画

渐变动画可以分为动作动画、形状动画和颜色渐变动画3种类型,各类型的动画含义如下:

● 动作动画:用户可以定义元件在某一帧中的位置、大小及旋转角度等属性,然后在另一帧中改变这些属性,从而得到两者之间的动画效果。

- **形状动画**：以对象的形状来定义动画，即用户在某一帧定义动画的形状，然后在另一帧中改变其形状，此时Flash就会自动生成两个形状间的光滑过渡效果。
- **颜色渐变动画**：在制作动画的基础上，利用元件特有的色调调节方式，调整其颜色、亮度或透明度等，并结合动作动画的特性，即可得到色彩丰富的动画效果。

9.1.3 动画与图层的关系

使用 Flash CS6 制作动画时，经常需要在一个场景中创建若干个图层。下面简单介绍创建动画过程中图层的作用：

- 在每个图层中分别放置不同的内容，可以使各个图层中的对象分离，这样就不会产生误删对象等操作，如图9-5所示。

图9-5　通过不同图层分离对象

- 在 Flash 动画中，可以放置音频文件，甚至可以单独创建一个图层来放置声音元件。这样有利于查询和管理，如图9-6所示。
- 在 Flash 中使用补间动画时，如果某一图层中有多个元件或组就会容易出错，因此在一般情况下，可以将所有静止的内容放置在不同的图层。这样不仅方便操作，而且利于编辑和修改，如图9-7所示。

图9-6　导入音频

图9-7　补间动画

9.1.4 设置动画播放速度

在动画的播放过程中，一定要控制好播放的速度。如果动画播放速度过慢，就会出现停顿现象；如果播放速度过快，有些动画中的细节将无法表现。因此，调整好播放速度是非常重要的。

一般情况下，Flash 的播放速度是默认的24帧/秒，但如果要将 Flash 动画发布到网络上，建议将每秒播放的帧数设置为12。这样设置是因为 QuickTime 的 avi 格式动画设置的帧率一般也是12，在网上播放时，可以产生较好的效果。

9.1.5 课堂范例——制作翻书动画

源文件路径	素材/第9章/9.1.5课堂范例——制作翻书动画
视频路径	视频/第9章/9.1.5课堂范例——制作翻书动画.mp4
难易程度	★★

01 启动 Flash CS6 软件，执行"文件"→"新建"命令，新建一个文档（宽600像素，高400像素），如图9-8所示。

02 使用"铅笔工具"，单击工具箱中的"对象绘制"按钮，在舞台中绘制一本翻开的书，可自由搭配填充颜色，如图9-9所示。

图9-8 "新建文档"对话框

图9-9 绘制一本翻开的书

03 新建"图层2",在书本的右侧绘制一页纸,颜色为粉红色至白色的线性渐变,如图9-10所示。

04 新建"图层3",继续在书本的左侧绘制一页纸,并将改图形转换为影片剪辑元件,双击该元件,进入元件编辑模式。

05 按F8键,再次将图形转换为元件,并双击元件,修改图形的填充颜色,如图9-11所示。

图9-10 绘制一页纸

图9-11 修改填充颜色

06 选中第26帧,按F6键插入关键帧,调整为之前的颜色,在两个关键帧之间创建补间形状,如图9-12所示。

07 返回上一个元件,在该窗口中新建"图层2",选中第27帧,插入关键帧,在右侧绘制纸张图形并转换为元件。使用同样的方法,制作补间形状动画,如图9-13所示。

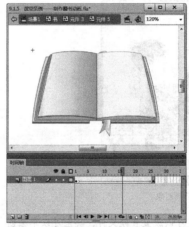

图9-12 创建补间形状

图9-13 创建补间形状

08 同上一步，再新建"图层3"，在第52帧插入关键帧，继续制作相同的补间形状动画。

09 再返回上一个元件，继续在上一个元件的编辑窗口中新建"图层4"，在书本左侧同样的位置绘制一张纸，并转换为元件，如图9-14所示，双击该元件。

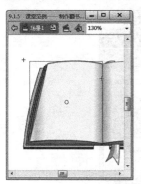

图9-14 绘制一页纸

10 选中第26帧，按F5键插入帧，再次双击该元件，选中第4帧，插入关键帧，在舞台中绘制纸张翻页的图形，如图9-15所示。

11 选中第7帧、第10帧，分别插入关键帧，在舞台中继续绘制纸张翻页的图形，选中第10帧，效果如图9-16所示。

12 继续绘制翻页动画，制作纸张竖立在书本中间的效果，在每个关键帧之间创建补间形状，如图9-17所示。

图9-15 绘制图形

图9-16 绘制纸张翻页效果

图9-17 创建补间形状

13 返回上一个元件，选中第27帧，插入关键帧，制作书页向右边翻的补间形状动画，如图9-18所示。

14 使用"铅笔工具"，绘制最后一个半圆图形，如图9-19所示。

15 返回"场景1"，选中"图层4"和"图层5"，单击舞台中的元件，在"属性"面板中设置"循环"选项区中的参数，如图9-20所示。

图9-18 创建补间形状

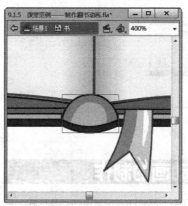

图9-19 绘制半圆图形

图9-20 设置"循环"参数

223

16 完成该动画的制作，按 Ctrl+Enter 快捷键测试动画效果，如图 9-21 所示。

图9-21　测试动画效果

9.2　逐帧动画的制作

在 Flash CS6 中，逐帧动画是常见的动画形式，它对作者的绘画能力和动画制作能力都有较高的要求。逐帧动画最适合制作每一帧都有改变的动画形式，而不是简单地在舞台上移动、旋转、淡入淡出或变化色彩的动画形式。

9.2.1　了解逐帧动画的概念

逐帧动画的原理是在"连续的关键帧"中分解动画的动作，需要更改每一帧中的动画内容。逐帧动画中的每一帧都是关键帧，制作时非常烦琐，而且文件也较大。但是逐帧动画有自己的优势，它具有良好的灵活性，几乎可以表现任何想表现的内容，非常适合做细腻的动画动作，如人物走路、转身等各种动作，如图 9-22 所示。

图9-22　逐帧动画

9.2.2　逐帧动画的导入方法

用户在运用 Flash CS6 制作动画的过程中，可以根据需要导入 JPG 格式的图片或序列图片来制作逐帧动画。导入的图片要内容不同并具有连贯性，如图 9-23 所示。

图9-23　导入序列图片

新建一个文档，执行"文件"→"导入"→"导入到舞台"命令，在"导入到库"对话框中选择需要导入的序列图片，单击"打开"按钮，弹出提示对话框，如图9-24所示，单击"是"按钮，即可将所选的图片导入到舞台中。

图9-24 提示对话框

9.2.3 逐帧动画的制作方法

在制作逐帧动画的过程中，运用一定的制作技巧不仅可以提高制作效率，还可以大幅度提高制作质量。

打开一个文档，使用"文本工具"在舞台中的适当位置创建文本框，并在其中输入相应的文本内容，如图9-25所示。在"文本"图层中的第5帧插入关键帧，继续输入文本，如图9-26所示，选中第10帧插入关键帧，继续输入文本，如图9-27所示，再选中第15帧插入关键帧，继续输入文本，如图9-28所示，即可完成逐帧动画的制作。

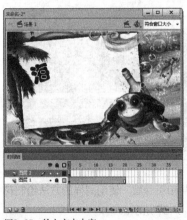

图9-25 输入文本内容

图9-26 插入关键帧

图9-27 插入关键帧

图9-28 插入关键帧

9.2.4 课堂范例——制作花开动画

源文件路径	素材/第9章/9.2.4课堂范例——制作花开动画
视频路径	视频/第9章/9.2.4课堂范例——制作花开动画. mp4
难易程度	★★

01 启动 Flash CS6 软件，执行"文件"→"新建"命令，新建一个文档（宽 600 像素，高 500 像素），如图 9-29 所示。

图9-29 "新建文档"对话框

02 执行"文件"→"导入"→"导入到舞台"命令，导入背景素材"树林场景.jpg"到舞台，如图9-30所示。

图9-30 导入背景素材"树林场景"

03 新建"图层2"，使用"铅笔工具"在舞台底部绘制一个草丛，填充阴影部分颜色为（# 203629），光照部分颜色为（# 244F33），并将草丛图形转换为元件，如图9-31所示。

04 新建"图层3"，同样绘制一个草丛，阴影部分的填充颜色改为（# 17323B），光照部分颜色与上一个草丛相同，如图9-32所示。

 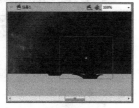

图9-31 绘制草丛　　　　图9-32 绘制草丛

05 新建"图层4"，使用"铅笔工具"在舞台中绘制一朵闭合的花，如图9-33所示。

图9-33 绘制花

06 在第1~20帧之间的每一帧都插入关键帧，绘制花根慢慢伸直的逐帧动画，如图9-34所示。

图9-34 制作逐帧动画

07 选中第23帧，插入关键帧，使用"刷子工具"在舞台中点一点，绘制小花瓣，如图9-35所示。

08 新建"图层4"的引导层，绘制一条路径，并移动花瓣，插入关键帧创建传统补间，如图9-36所示。

 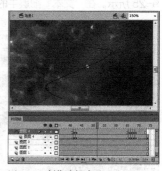

图9-35 绘制小花瓣　　　　图9-36 制作路径动画

09 新建"图层5"和引导层，使用同样的方法绘制花瓣路径动画，如图9-37所示。

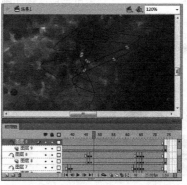

图9-37 绘制多条路径

10 隐藏所有的引导层，新建"图层6"，在第21~26帧的每一帧都插入关键帧，制作花慢慢绽开的逐帧动画，如图9-38所示。

图9-38　绘制逐帧动画

11 继续绘制草丛，使画面更加丰富，如图9-39所示。

图9-39　绘制草丛

12 完成该动画的制作，按Ctrl+Enter快捷键测试动画效果，如图9-40所示。

图9-40　测试动画效果

9.3　渐变动画的制作

　　渐变动画包括形状渐变动画和动作渐变动画。形状渐变动画是基于所选择的两个关键帧中的矢量图形的形状、色彩和大小等差异而创建的动画关系，是在两个关键帧之间插入逐帧变形的图形来显示的动画。动作渐变动画是指在两个关键帧之间为某个对象建立一种运动补间关系的动画。

9.3.1　形状渐变动画的创建方法

　　形状渐变动画又称形状补间动画，因此，在Flash的"时间轴"面板中的一个关键帧中绘制一个形状，然后在另一个关键帧中更改该形状或绘制另一个形状，Flash会根据两者之间的形状来创建动画，如图9-41所示。

图9-41　形状渐变动画

提示

在Flash CS6中，创建形状补间动画后，"时间轴"面板中的形状补间所在的帧的背景色会变成绿色，且在起始帧和结束帧之间会有一个长长的箭头。

9.3.2 创建颜色渐变动画

在 Flash CS6 中，颜色渐变动画运用了元件特有的色彩调节方式来调整颜色、亮度或透明度等，用户制作颜色渐变动画可以得到色彩丰富的动画效果，如图9-42所示。

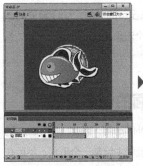

图9-42　颜色渐变动画

9.3.3 旋转动画的创建方法

在 Flash CS6 中，旋转动画就是某物体围绕着一个中心轴旋转的动画形式，如风车的转动、电风扇的转动等。旋转动画的画面由静态变为动态，如图9-43所示。

图9-43　旋转动画

提示

在Flash CS6中，在"补间"选项区中设置"缓动"选项的值可以为补间动画添加缓动效果。

9.3.4 课堂范例——制作简单齿轮滚动动画

源文件路径	素材/第9章/9.3.4课堂范例——制作简单齿轮滚动动画
视 频 路 径	视频/第9章/9.3.4课堂范例——制作简单齿轮滚动动画.mp4
难 易 程 度	★★

---

01 启动 Flash CS6 软件，执行"文件"→"新建"命令，新建一个文档（宽590像素，高300像素），如图9-44所示。

02 使用"矩形工具"在舞台中绘制一个矩形，填充颜色设置为从浅黄色（# FDDA8A）到土黄色（# F2AA 04）的线性渐变，如图9-45所示。

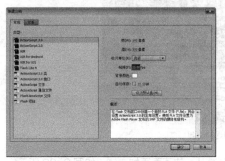

图9-44　"新建文档"对话框

图9-45　绘制矩形

03 新建"图层2"，使用绘图工具在舞台中绘制一个齿轮的形状，如图9-46所示。

04 将齿轮图形转换为元件，双击该元件，进入元件编辑编辑模式。

05 在打开的元件编辑窗口中新建两个图层，继续绘制齿轮图形，增加立体效果，如图9-47所示。

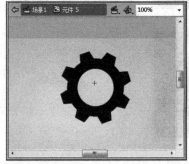

图9-46　绘制齿轮图形

228

图9-47 齿轮立体效果

06 选中"图层1"和"图层2"中的帧内容,再选中第7帧,按F6键插入关键帧,使用"任意变形工具",旋转图形,如图9-48所示。

07 选中第24帧、第25帧、第31帧、第48帧,插入关键帧。继续旋转图形,在每个关键帧之间创建传统补间,如图9-49所示。

08 分别单击舞台中的元件,在"属性"面板中设置"循环"选项区的参数,如图9-50所示。

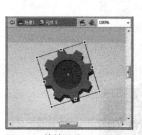

图9-48 旋转图形

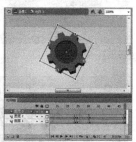

图9-49 创建传统补间

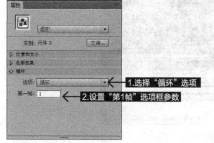

图9-50 设置"循环"参数

09 返回"场景1",新建"图层3",使用同样的方法绘制同样的齿轮阴影图形,并修改填充颜色,如图9-51所示。

10 复制一个齿轮图形,并修改填充颜色,如图9-52所示。

图9-51 绘制"齿轮"阴影

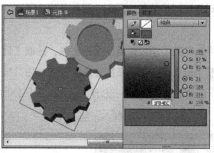

图9-52 修改填充颜色

11 使用"椭圆工具"绘制重叠的圆形,完成齿轮的立体效果,如图9-53所示。

12 同样插入关键帧,旋转图形,并创建传统补间,如图9-54所示。

图9-53 齿轮效果

图9-54 创建传统补间

13 完成该动画的制作,按Ctrl+Enter快捷键测试动画效果,如图9-55所示。

图9-55 测试动画效果

229

9.4 骨骼动画的制作

在 Flash CS6 中,可以为图形对象添加骨骼来制作骨骼动画。在制作时,只需要确定图形的第一帧和最后一帧中的内容,系统会自动添加其中的动画过程。

9.4.1 骨骼的添加方法

在制作骨骼动画之前,先要为图形对象添加骨骼,添加骨骼的对象可以是分散的图形、影片剪辑、图形或按钮元件。

在舞台中选择需要添加骨骼的图形对象,选取工具箱中的"骨骼工具",在需要添加骨骼的位置单击并拖拽鼠标指针,创建骨骼,如图 9-56 所示。

图9-56 创建骨骼

提示

在Flash CS6中,若要为文本添加骨骼,必须先将文本转换为元件。

9.4.2 创建骨骼动画

在 Flash CS6 中创建骨骼动画时,只需在姿势图层

中添加帧并在舞台中重新定位骨架,即可创建关键帧。姿势图层中的关键帧被称为姿势,每个姿势图层都会自动创建补间图层。

在"时间轴"面板中选择骨骼图层,选中第 20 帧,单击鼠标右键,在弹出的快捷菜单中,选择"插入姿势"选项,即可在第 1~20 帧之间自动创建补间动画,此时再选择舞台中的骨骼,单击并拖拽鼠标指针,如图 9-57 所示。继续选中骨骼图层的第 40 帧,插入姿势,选择骨骼对象,创建新姿势,如图 9-58 所示。

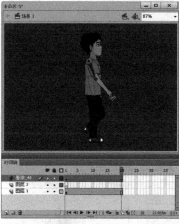

图9-57 插入姿势

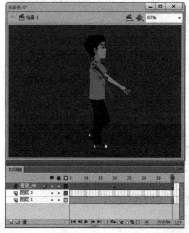

图9-58 插入姿势

9.4.3 课堂范例——制作龙王跳跃动画

源文件路径	素材/第9章/9.4.3课堂范例——制作龙王跳跃动画
视频路径	视频/第9章/9.4.3课堂范例——制作龙王跳跃动画.mp4
难易程度	★★

01 启动 Flash CS6 软件，执行"文件"→"新建"命令，新建一个文档，如图 9-59 所示。

02 在"库"面板中将"龙王"元件拖入到舞台，如图 9-60 所示。

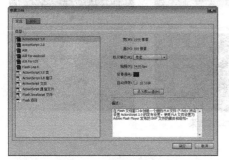

图9-59　"新建文档"对话框

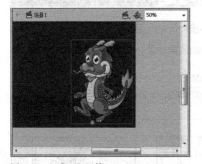

图9-60　"龙王"元件

03 将元件分离，并将龙王的身体和四肢转换为单个的元件，如图 9-61 所示。

04 使用工具箱中的"骨骼工具"在龙王的身体上单击并拖动，创建骨骼，如图 9-62 所示。

05 选中第 7 帧，单击鼠标右键，选择"插入姿势"选项，单击骨骼对象，创建新姿势，并将图形向左移动，如图 9-63 所示。

图9-61　分离为单个元件

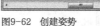

图9-62　创建姿势

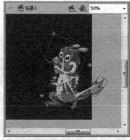

图9-63　创建姿势

06 分别在第 14 帧、第 22 帧、第 23 帧、第 24 帧插入关键帧，继续插入姿势，并创建新的姿势，如图 9-64 所示。

07 选中第 38 帧，插入新姿势，并向左上移动图形，如图 9-65 所示。

08 选中第 58 帧，插入关键帧，创建新姿势，同样向左移动图形，如图 9-66 所示。

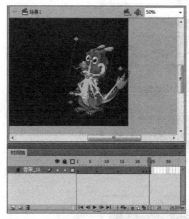

图9-64　创建姿势

图9-65　插入新姿势

231

图9-66 创建姿势

09 继续插入新姿势，在第79帧、第81帧创建龙王跳跃时停在空中的姿势，如图9-67所示。

10 在第95帧，插入最后一个姿势，创建龙王降落时着地的姿势，如图9-68所示。

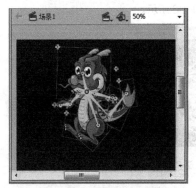

图9-67 创建空中跳跃姿势

图9-68 创建着地姿势

11 完成该动画的制作，按 Ctrl+Enter 快捷键测试动画效果，如图9-69所示。

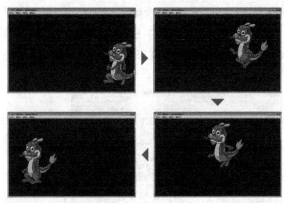

图9-69 测试动画效果

9.5 课后习题

◆**习题1**：结合传统补间的创建方法和按钮元件的使用，制作漫画效果动画，如图9-70所示。

源文件路径	素材/第9章/9.5/习题1——制作漫画效果动画
视频路径	视频/第9章/9.5/习题1——制作漫画效果动画. mp4
难易程度	★★

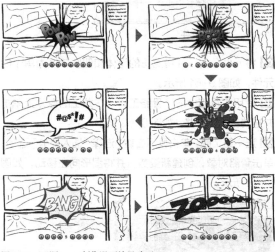

图9-70 习题1——制作漫画效果动画

◆**习题2**：结合传统补间的创建方法和遮罩动画的应用方法，制作房地产片头动画，如图9-71所示。

源文件路径	素材/第9章/9.5/习题2——制作房地产片头动画
视频路径	视频/第9章/9.5/习题2——制作房地产片头动画. mp4
难易程度	★★

图9-71 习题2——制作房地产片头动画

◆**习题3：**使用传统补间的创建方法、脚本的应用方法及添加音频的技巧，制作逗兔子交互动画，如图9-72所示。

源文件路径	素材/第9章/9.5/习题3——制作逗兔子交互动画
视 频 路 径	视频/第9章/9.5/习题——制作逗兔子交互动画.mp4
难 易 程 度	★★★

图9-72 习题3——制作逗兔子交互动画

233

本章视频时长
110 分钟

第 10 章

元件和库

在 Flash 中，很多矢量图形可以直接用来创建动画，但是其动画效果是不理想的。如果想制作复杂的动画，还需要借助元件。而无论创作出来的元件是什么类型，都统一存放在"库"面板中。因此，灵活管理"库"面板，合理地选择及使用这些元件资源，才能达到理想的动画制作效果。本章将讲解元件和库的相关知识。

本章学习目标
■ 掌握创建元件的操作方法
■ 熟悉编辑元件的技巧
■ 了解库面板

本章重点内容
■ 熟悉为元件添加滤镜的方法
■ 熟悉元件色彩效果的应用

扫 码 看 课 件　　扫 码 看 视 频

10.1 创建元件

元件的便捷在于一个好的元件可以重复使用。在舞台中对元件进行任何操作也丝毫不会对"库"面板中的"母体"产生任何影响。改变元件的唯一方法是,通过"库"面板对其进行操作。本节将讲解关于元件的知识。

10.1.1 元件类型

创建元件之前,首先要确定元件类型。选中绘制的图形之后,执行"修改"→"转换为元件"命令,打开"转换为元件"对话框,如图10-1所示。在对话框中的"类型"下拉列表中总共有三种类型,即影片剪辑、按钮和图形,如图10-2所示。选择需要创建的元件类型,单击确定即可。

图10-1 "转换为元件"对话框　图10-2 "类型"下拉菜单

10.1.2 图形元件

图形元件是Flash动画中最常见的元件,主要用于建立和储存独立的图形内容,也可以用来制作动画。但是,图形元件不能添加滤镜。

执行"插入"→"新建元件"命令,或按快捷键Ctrl+F8,弹出"创建新元件"对话框,如图10-3所示。在"类型"下拉列表中选择"图形"选项,创建"元件1"图形元件。在图形元件的编辑界面中可以进行绘制图形等操作,如图10-4所示。

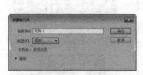 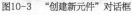 

图10-3 "创建新元件"对话框　图10-4 绘制图形

10.1.3 影片剪辑元件

影片剪辑元件用来创建动画片段,并可以重复使用。

影片剪辑元件在其内部拥有多帧时间轴,这些时间轴与主时间轴是相互独立存在的。

影片剪辑元件的创建方法很简单。首先,在舞台中绘制图形或者导入素材图片,如图10-5所示。选中素材,执行"插入"→"新建元件"命令,如图10-6所示。

图10-5 导入素材　图10-6 选择"新建元件"选项

打开"创建新元件"对话框,如图10-7所示。在"类型"下拉列表中选择"影片剪辑"选项,如图10-8所示。单击"确定"按钮,即可完成影片剪辑元件的创建。

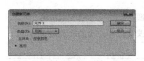 

图10-7 "创建新元件"对话框　图10-8 选择"新建元件"选项

提示

> 在影片剪辑元件中可以创建动画效果,后面实例中将详细介绍。

10.1.4 按钮元件

按钮元件是用来响应鼠标单击、滑过或其他动作的交互式按钮。它可以定义与各种状态关联的图形,然后将动作指定给按钮实例。

选中素材,执行"插入"→"新建元件"命令,如图10-9所示。打开"创建新元件"对话框,如图10-10所示。

图10-9 单击"新建元件"选项　图10-10 "创建新元件"对话框

在"类型"下拉列表中选择"按钮"选项，如图10-11所示，单击"确定"即可创建按钮元件。按钮元件创建好后，时间轴会发生变化，如图10-12所示。

图10-11 选择"按钮"选项

图10-12 按钮元件时间轴

在按钮元件时间轴中，4个状态帧分别为"弹起""指针经过""按下"和"点击"。每个状态帧的功能是不一样的。

- 弹起：表示指针没有经过按钮时，按钮在舞台中的状态。
- 指针经过：表示当指针滑过按钮时，按钮在舞台中的状态。
- 按下：表示单击按钮时，按钮在舞台中的外观。
- 点击：用于定义鼠标向右单击的区域。此区域在SWF文件中是不可见到的。

10.1.5 课堂范例——制作气泡按钮

源文件路径	素材/第10章/10.1.5课堂范例——制作气泡按钮
视频路径	视频/第10章/10.1.5课堂范例——制作气泡按钮.mp4
难易程度	★★★

01 启动Flash CS6软件，执行"文件"→"新建"命令，新建一个文档（宽590像素，高300像素），如图10-13所示。

02 使用"矩形工具"在舞台下部绘制一个688像素×244像素的矩形，并填充从深蓝色（#011E47）到浅蓝色（#3B87AD）的线性渐变，如图10-14所示。

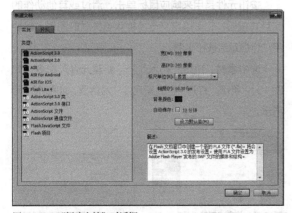

图10-13 "新建文档"对话框

图10-14 绘制渐变矩形

03 继续在舞台上半部分绘制一个688像素×176像素的黑色矩形，如图10-15所示。

04 选中两个矩形图形，按F8键，将图形转换为一个元件，命令为"背景"。

05 新建图层，改名为"按钮"，使用"椭圆工具"在舞台下半部分的左上角绘制一个圆，填充浅蓝色（#B3C6D7）到透明色的径向渐变，调整渐变条的滑块，如图10-16所示。

图10-15 绘制黑色矩形

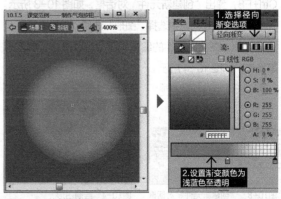

图10-16 绘制渐变圆

06 将圆转换为元件，双击元件，进入元件编辑模式。

07 新建"图层2"，绘制一个椭圆，填充从白色到浅蓝色（#8BE2FE）再到深蓝色（#0182B8）的径向渐变，如图 10-17 所示。

08 新建"图层 3"，继续绘制一个从透明色到蓝色（#228FFD）的径向渐变，调整球形的色调效果，如图 10-18 所示。

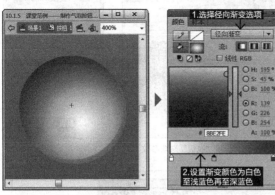

图10-17　绘制径向渐变椭圆

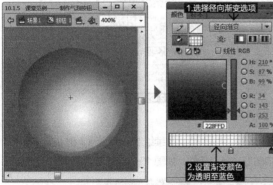

图10-18　绘制径向渐变椭圆

09 继续新建图层，绘制小圆并填充从透明色到白色的径向渐变，使用"渐变变形工具"调整渐变色的位置如图 10-19 所示。

10 返回上一个元件，新建"图层 2"，结合使用各种绘图工具在舞台中绘制一个信封图形，如图 10-20 所示。

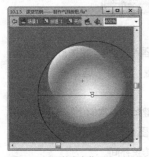

图10-19　调整渐变位置

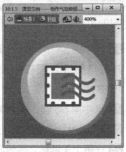

图10-20　绘制信封图形

11 将图形转换为元件，双击元件，进入元件编辑模式。选中第 31 帧、第 37 帧、第 38 帧，分别插入关键帧，使用"任意变形工具"将图形稍微旋转，如图 10-21 所示。

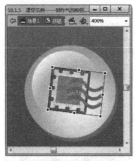

图10-21　旋转图形

12 继续插入关键帧，同样适当来回旋转图形。

13 返回上一个元件，新建"图层 3"，选择"铅笔工具"，设置笔触大小为 10，笔触颜色为 10% 透明度的黑色，设置填充颜色为蓝色（#5F98D2），在舞台中绘制一个圆形边框，如图 10-22 所示。

14 继续使用"椭圆工具"，绘制一个圆，填充从浅蓝色到透明色的径向渐变，如图 10-23 所示。

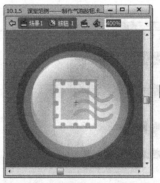

图10-22　绘制圆形边框

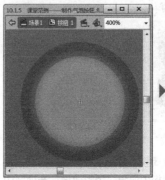

图10-23　绘制径向渐变的圆

15 选中绘制的圆形，按F8键将图形转换为按钮元件，并插入"点击"关键帧，如图10-24所示。

16 返回上一个元件，此时舞台中的图形效果如图10-25所示。

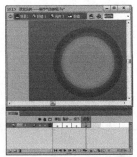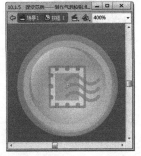

图10-24 插入"点击"关键帧　　图10-25 图形效果

17 返回"场景1"，选中"按钮"图层，使用同样的操作方法，在舞台中绘制多个不同图案和不同颜色的按钮，效果如图10-26所示。

18 执行"窗口"→"动作"命令，打开"动作"面板，添加停止动作代码"stop();"。

19 新建图层，命名为"文本"，在舞台左上角输入文本，如图10-27所示。

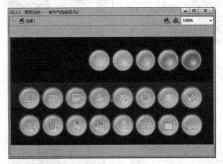

图10-26 绘制不同按钮图形

图10-27 输入文本

20 选中全部文本内容，按F8键将文本转换为元件。单击元件，在"属性"面板中设置"色彩效果"选项区中的"高级"选项参数，如图10-28所示。

21 新建"图层2"，在文本上方绘制一个390×126的渐变矩形，如图10-29所示，将矩形转换为元件。

图10-28 设置"高级"选项参数

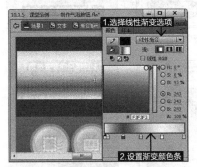

图10-29 绘制渐变矩形

22 新建"图层3"，继续绘制一个566×81的渐变矩形，将图形转换为元件，如图10-30所示。

图10-30 绘制渐变矩形

23 选中第34帧，按F6键插入关键帧，将图形向下移动，并在"属性"面板中设置"高级"选项参数，如图10-31所示。

24 选中第66帧，插入关键帧，再次向上移动矩形，并设置"高级"选项参数，如图10-32所示。

25 在每个关键帧之间创建传统补间。

26 新建"图层4"，选择文本图层，选中原始文本，并单击鼠标右键，选择"复制"选项。再选中"图层4"，执行"编辑"→"粘贴到当前位置"命令，复制文本到舞台。

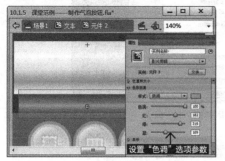

图10-31　设置"高级"选项参数

图10-32　设置"高级"选项参数

27 在"图层4"中单击鼠标右键，选择"遮罩层"选项，创建"图层2"和"图层3"的遮罩，隐藏所有遮罩层，此时舞台中的文字效果如图10-33所示。

图10-33　文字效果

28 完成该动画的制作，按Ctrl+Enter快捷键测试动画效果，如图10-34所示。

图10-34　测试动画效果

10.2　编辑元件

创建好或已经编辑好的元件，用户还可以对其进行再次编辑。再次编辑该元件后，Flash中所有用到该元件的文件将更新，以反映编辑效果。

10.2.1 在当前窗口编辑

在舞台中双击某个元件，即可进入该元件的编辑区。此时舞台中的其他对象会以灰度方式显示，如图10-35所示，这样的显示方式有利于用户区别正在编辑的元件。同时，正在编辑的元件名称将出现在舞台上方的编辑栏内（位于当前场景名称的右侧），如图10-36所示。

图10-35　元件编辑区　　　图10-36　显示正在编辑的元件

若编辑好元件需要返回，单击"返回"按钮即可，如图10-37所示。或者单击"场景1"按钮，如图10-38所示，即可返回到场景1中。也可以在空白区域双击返回。

图10-37 单击"返回"按钮

图10-38 单击"场景1"按钮

10.2.2 在新窗口中编辑

选中要编辑的元件，单击右键，在下拉列表中执行"在新窗口中编辑"命令，如图10-39所示，即可在新窗口中打开元件，如图10-40所示。

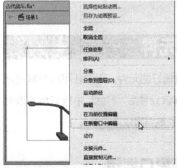
图10-39 单击"在新窗口中编辑"选项

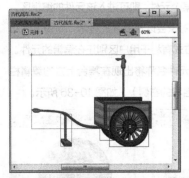
图10-40 打开新窗口

10.2.3 在元件的编辑模式下编辑

在"库"面板里双击元件，可进入元件的编辑模式。也可以选择需要编辑的元件，执行"编辑"→"编辑元件"命令，如图10-41所示，即可进入元件的编辑模式，如图10-42所示。

图10-41 单击"编辑元件"选项

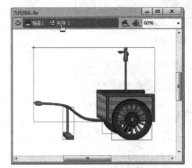
图10-42 元件编辑模式

10.2.4 课堂范例——制作家具预览动画

源文件路径	素材/第10章/10.2.4课堂范例——制作家具预览动画
视频路径	视频/第10章/10.2.4课堂范例——制作家具预览动画.mp4
难易程度	★★

01 启动Flash CS6软件，执行"文件"→"新建"命令，新建一个文档（宽800像素，高800像素），如图10-43所示。

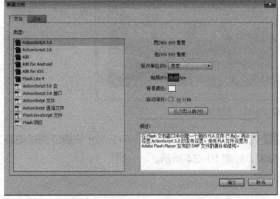
图10-43 "新建文档"对话框

02 执行"文件"→"导入"→"导入到舞台"命令，导入素材"家具1.png"到舞台上方，并按F8键，将素材转换为"影片剪辑"元件，命名为"播放效果"，如图10-44所示。

03 在舞台中双击该元件，进入元件编辑模式。

04 选中第15帧，按F6键插入关键帧，将图形移动到舞台中心位置，如图10-45所示。

图10-44 导入素材　　　　图10-45 移动图形

05 在第1~15帧之间单击鼠标右键，在弹出的快捷菜单中，选择"创建传统补间"选项，如图10-46所示。

06 选中第50帧，插入关键帧，再选中第55帧、第57帧，分别插入关键帧，将图形向上稍微移动。

07 选中第68帧，插入关键帧，移动图形至舞台底部，并选中第50~55帧和第57~68帧创建传统补间，如图10-47所示。

图10-46 创建传统补间　　　　图10-47 创建传统补间

08 新建"图层2"，选中第63帧，插入关键帧，继续导入素材"家具2.png"，按F8键，将素材转换为"影片剪辑"元件，命名为"家具2"，如图10-48所示。

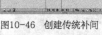

图10-48 "转换为元件"对话框

09 使用同样的方法制作相同的传统补间动画，如图10-49所示。

10 继续导入其他素材，制作相同的传统补间动画，如图10-50所示。

图10-49 创建传统补间　　　　图10-50 创建传统补间

11 返回"场景1"，新建"图层2"，单击鼠标右键，选择"遮罩层"选项。选中该遮罩层，在舞台中绘制一个黑色圆角矩形，如图10-51所示。

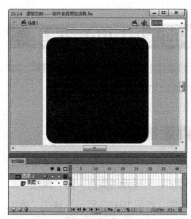

图10-51 创建黑色圆角矩形

12 完成该动画的制作，按Ctrl+Enter快捷键测试动画效果，如图10-52所示。

图10-52 测试动画效果

图10-52 测试动画效果（续）

10.3 元件的滤镜和色彩效果

运用滤镜和色彩效果能使元件更加丰富、精美。本节将学习对元件添加滤镜和色彩效果的操作。

10.3.1 为元件添加滤镜

在 Flash 的三类元件中，除了图形元件无法添加滤镜，其他两类均可添加。选择元件实例，其"属性"面板中会出现滤镜选项栏，如图 10-53 所示。单击"添加滤镜" 按钮，弹出下拉列表，如图 10-54 所示。

图10-53 滤镜选项栏

图10-54 单击"添加滤镜"按钮

10.3.2 调整元件的色彩效果

在 Flash 中，可以为元件设置不同的色彩效果。选择元件实例，进入"属性"面板，在色彩效果选项栏单击"样式"按钮，打开下拉列表，如图 10-55 所示。

图10-55 "样式"下拉列表

下面分别介绍这几个选项的功能与用法：

● **亮度**：通过拖动滑块或者输入 −100~100 的值来调节图像的亮度，如图 10-56 所示。

亮度为−55%效果　　　　　　　　　亮度为55%效果

图10-56 亮度对比

- 色调：用来调整元件色彩。能够设置色调从透明到完全饱和的任一状态，单击色调滑块并拖动至合适位置，或者输入数值，即可调整色调，如图 10-57 所示。还可以拖动红、绿、蓝颜色滑块来调整颜色，或者直接在颜色选择器中选取颜色，如图 10-58 所示。

图10-57　拖动色调滑块

图10-58　选取颜色

- 高级：分别调整元件实例的红、绿、蓝颜色和透明度。Alpha 控件可以按指定的百分比降低颜色饱和度或者透明度，如图 10-59 所示。其他控件可以按常数降低或增大颜色饱和度值或透明度值，如图 10-60 所示。

图10-59　调整"Alpha"值

图10-60　调整颜色控件

- Alpha：通过拖动滑块或者直接输入数值可以调整元件的透明度，100 为正常显示，0 为完全透明，如图 10-61 所示。

图10-61　透明度对比

10.3.3 课堂范例——制作小精灵动画

源文件路径	素材/第10章/10.3.3课堂范例——制作小精灵动画
视频路径	视频/第10章/10.3.3课堂范例——制作小精灵动画.mp4
难易程度	★★

01 启动 Flash CS6 软件，执行"文件"→"新建"命令，新建一个文档（宽 250 像素，高 200 像素），舞台颜色设置为草绿色（＃669900），如图 10-62 所示。

02 在"库"面板中将元件"女生剪影"拖入到舞台，如图 10-63 所示，按 F8 键，将素材转换为"影片剪辑"元件，命名为"身体"。

图10-62　"新建文档"对话框　　　图10-63　导入"女生剪影"素材

03 新建图层，命名为"翅膀"，使用"钢笔工具"在舞台中绘制一个翅膀图形，填充白色，设置透明度为 70%，并转换为元件，如图 10-64 所示。

04 双击该元件，进入元件的编辑模式。

05 选中第 3 帧、第 6 帧，分别插入关键帧。使用"任意变形工具"旋转翅膀图形，在每个关键帧之间创建传统补间，如图 10-65 所示。

图10-64 绘制翅膀图形

使用"任意变形工具"向下稍微旋转翅膀图形

图10-65 创建传统补间

06 新建两个图层，绘制另外两个翅膀图形，并制作同样的传统补间动画，如图10-66所示。

07 新建"图层4"，选中第6帧，插入关键帧。执行"窗口"→"动作"命令，打开"动作"面板，添加代码"gotoAndPlay(2)"，如图10-67所示。

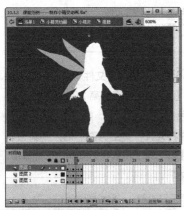

图10-66 制作传统补间动画

图10-67 添加代码

08 返回上一个元件，选中"翅膀"图层，单击舞台中的翅膀图形，在"属性"面板中的"滤镜"选项区中添加"发光"滤镜，设置参数，如图10-68所示。此时舞台上的翅膀效果如图10-69所示。

设置"发光"滤镜参数

图10-68 设置"发光"参数

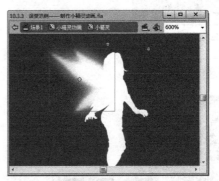

图10-69 发光效果

09 再次返回上一个元件，单击舞台中的"小精灵"元件，在"属性"面板中的"滤镜"选项区中添加"投影"滤镜，设置参数，如图10-70所示。舞台中小精灵的效果如图10-71所示。

10 选中第10帧、第30帧、第40帧，按F6键分别插入关键帧。上下移动"小精灵"元件，并在每个关键帧之间创建传统补间，如图10-72所示。

设置"投影"滤镜参数

图10-70 设置"投影"参数

图10-71 投影效果

图10-72 制作传统补间动画

11 完成该动画的制作，按 Ctrl+Enter 快捷键测试动画效果，如图 10-73 所示。

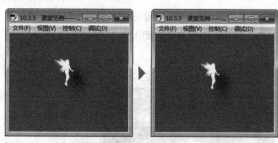

图10-73 测试动画效果

10.4 库

"库"面板用来存放动画元素，包括元件、位图、声音及视频文件等。利用"库"面板可以查看和组织这些内容。

10.4.1 认识"库"面板

"库"面板的位置默认在工作区的右侧。若关闭了"库"面板，按 Ctrl+L 组合键，或者执行"窗口"→"库"命令即可重新打开"库"面板，如图 10-74 所示。

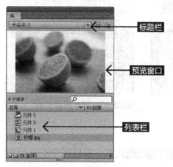

图10-74 "库"面板

标题栏

标题栏可以显示当前 Flash 文档的名称。单击标题栏最右端的隐藏按钮，在弹出的下拉列表中可以执行一些新的命令，如图 10-75 所示。

预览窗口

通过预览窗口可以快速地找到自己想要的元素。在"库"面板中选中元件，在预览窗口中会显示出相应的图像效果。如果选中的是元件、位图，显示的是其默认状态下的图像，如图 10-76 所示。如果选中的是声音，则显示的是声波纹路，如图 10-77 所示。

图10-75 按钮列表

图10-76　预览元件效果

图10-77　预览声音效果

列表栏

列表栏里罗列着所有的动画元素，并且每个动画元素的名称都是独一无二的。用户可以随意更改任何元素的名称，更加快速、准确地找到所需要的动画元素。

10.4.2　在"库"面板中复制元件

通过复制内容差不多的元件，可以创建新元件，从而减小工作量。

在"库"面板中，选择需要复制的元件，单击鼠标右键，执行"直接复制"命令，如图10-78所示。在弹出的"直接复制元件"对话框中单击"确定"按钮，如图10-79所示，即可得到元件的副本。

图10-78　执行"直接复制"
命令

图10-79　单击"确定"按钮

10.4.3　课堂范例——制作火柴点火动画

源文件路径	素材/第10章/10.4.3课堂范例——制作火柴点火动画
视 频 路 径	视频/第10章/10.4.3课堂范例——制作火柴点火动画.mp4
难 易 程 度	★★

01 启动Flash CS6软件，执行"文件"→"新建"命令，新建一个文档（宽550像素，高320像素），如图10-80所示。

02 在"库"面板中将"火柴盒"拖入舞台中，移动至合适位置，如图10-81所示。

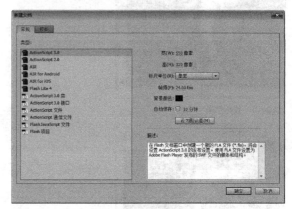

图10-80　"新建文档"对话框

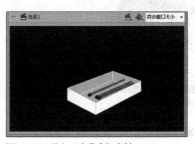

图10-81　导入"火柴盒"素材

03 选中第31帧，按F6键插入关键帧，移动至舞台左下角，并在两个关键帧之间创建传统补间，如图10-82所示。

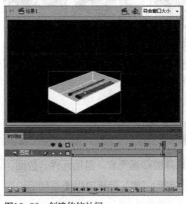

图10-82　创建传统补间

04 新建"图层2"，在"库"面板中选择"火柴"元件，如图10-83所示。将"火柴"元件拖入舞台中，移动至火柴盒里面，如图10-84所示。

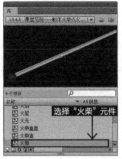

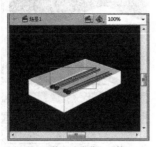

图10-83 选择"火柴"元件　　图10-84 拖入"火柴"元件

05 选中第31帧，按F6键插入关键帧，使用"任意变形工具"旋转并移动火柴元件，让其与火柴盒的移动位置同步，如图10-85所示。

06 分别选中第40帧、第50帧，插入关键帧。继续移动并旋转火柴，如图10-86和图10-87所示，并在每个关键帧之间创建传统补间。

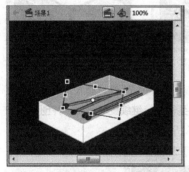

图10-85 调整元件

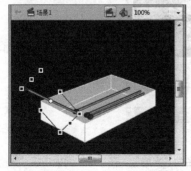

图10-86 调整元件

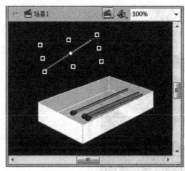

图10-87 调整元件

07 新建"图层3"，继续从"库"面板中拖入"火柴盒盖"元件，并移动至火柴盒上，如图10-88所示。

08 新建图层，选中第60帧，插入关键帧，选择"铅笔工具"，在"属性"面板中设置笔触样式为"点刻线"。笔触颜色为（#333333）， 在火柴盒上绘制一条线，如图10-89所示。

09 选中第64帧，插入关键帧。重新绘制一条线，设置填充颜色为（#FF6633），如图10-90所示。

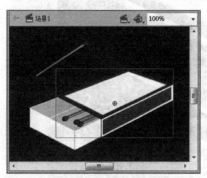

图10-88 拖入"火柴盒"元件

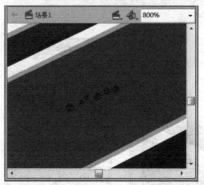

图10-89 绘制点刻线

图10-90　绘制点刻线

10 在第 60~64 帧之间的任意一帧单击鼠标右键，选择"创建补间形状"选项，如图10-91所示。

11 新建"图层6"，选中第 63 帧，插入关键帧。选择"刷子工具"，在工具箱中设置刷子形状为正方形。在火柴盒上绘制一条曲线，并填充从白色到浅灰色的线性渐变，透明度都设置为49%，如图10-92所示。

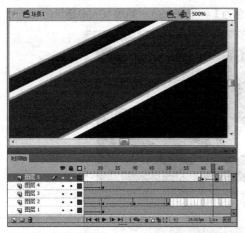

图10-91　创建补间形状

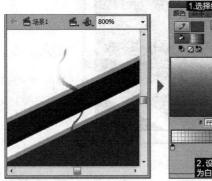

图10-92　绘制曲线

12 选中第 70 帧，插入关键帧，使用"任意变形工具"拉长曲线图形。在第 63~70 帧之间创建补间形状，制作烟飘动的动画效果，如图10-93所示。

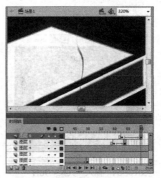

图10-93　制作补间形状动画

13 新建"图层7"，选中第 51 帧，插入关键帧。接着制作火柴动画，如图10-94和图10-95所示。

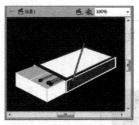
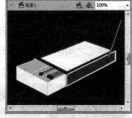

图10-94　火柴动画效果　　　　图10-95　火柴动画效果

14 新建"图层8"，选中第 71 帧，插入关键帧。再次拖入"火柴"元件到舞台，继续旋转元件，并创建传统补间，如图10-96所示。

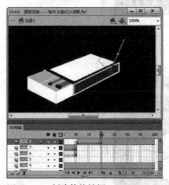

图10-96　创建传统补间

15 新建图层，命名为"火焰"。在"库"面板中将"火焰"元件拖入到火柴头的位置。在"属性"面板中的"色彩效果"选项区中将"Alpha"值设置为39%。此时舞

248

台中的火焰效果如图 10-97 所示。

16 选中第 80 帧，插入关键帧，调整元件的位置和大小。单击"火焰"元件，设置"Alpha"值为 55%，如图 10-98 所示。

17 在第 70~80 帧之间创建传统补间。

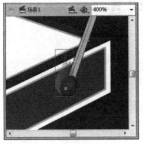 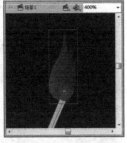

图10-97　火焰效果　　　图10-98　设置"Alpha"值

18 选中"火焰"图层，单击鼠标右键，选择"添加传统运动引导层"选项。使用"钢笔工具"绘制一条路径，如图 10-99 所示。

19 复制一层"火焰"图层和其引导层，并稍微调整位置，使其产生叠影，如图 10-100 所示。

20 隐藏所有引导层。新建图层，命名为"闪光"，使用"椭圆工具"在舞台中绘制一个光亮图形，并添加传统运动引导层，如图 10-101 所示。

 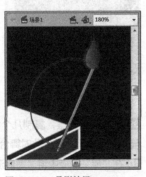

图10-99　绘制路径　　　图10-100　叠影效果

图10-101　制作闪光动画

21 完成该动画的制作，按 Ctrl+Enter 快捷键测试动画效果，如图 10-102 所示。

▼

▼

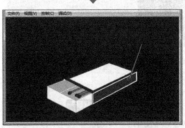

▼

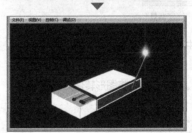

图10-102　测试动画效果

10.5 综合训练——制作海底游泳动画

源文件路径	素材/第10章/10.5综合训练——制作海底游泳动画
视频路径	视频/第10章/10.5综合训练——制作海底游泳动画.mp4
难易程度	★★★★

01 启动 Flash CS6 软件，执行"文件"→"新建"命令，新建一个文档，设置文档参数，如图 10-103 所示。

02 执行"文件"→"导入"→"导入到库"命令，将素材"海底背景.jpg"导入到库中，如图10-104所示。

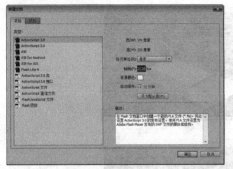

图10-103 "新建文档"对话框

选择"海底背景"素材并拖入到舞台

图10-104 导入素材"海底背景"

03 在"库"面板中将"海底背景"图片拖入到舞台。

04 新建"图层2"，使用"刷子工具"在舞台中绘制一个海星形状的图形。按F8键，将图形转化为元件，命名为"海星"，如图10-105所示。

05 单击舞台中的"海星"元件，在"属性"面板中的"色彩效果"选项区中设置"高级"选项参数，如图10-106所示。

图10-105 "海星"元件

图10-106 设置"高级"选项参数

06 选中"图层3"，继续使用"刷子工具"在舞台中绘制一个贝壳形状的图形，如图10-107所示。

07 在"属性"面板中的"色彩效果"选项区中设置相同的"高级"选项参数。

08 新建"图层4"，复制"图层2"中的"海星"元件，在"属性"面板中设置"高级"选项参数，如图10-108所示。

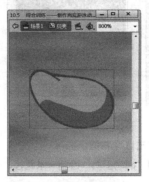

图10-107 添加引导层

设置"高级"选项参数

图10-108 绘制路径

09 继续新建图层，复制几个海星和贝壳图形，并适当调整"高级"选项参数，此时舞台中的效果如图10-109所示。

10 在"库"面板中将"海底沉船1"元件拖入到舞台，并移动至合适位置，如图10-110所示。

图10-109 舞台效果图

图10-110 拖入"海底沉船1"素材

11 单击舞台中的"海底沉船1"元件，在"属性"面板中设置"高级"选项参数，如图10-111所示。

12 使用"钢笔工具"绘制一个倾斜倒地的帆船图形，将图形转换为元件，并命名为"海底沉船2"，如图10-112所示。

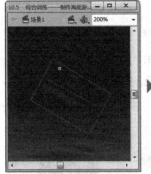

图10-111 设置"高级"选项参数

图10-112 "海底沉船2"元件

13 单击该元件，同样在"属性"面板中设置"高级"选项参数，如图10-113所示。

14 在"库"面板中将"海底沉船3"元件拖入到舞台右侧，如图10-114所示。

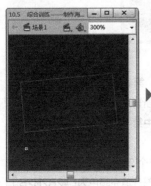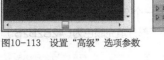

图10-113 设置"高级"选项参数

图10-114 拖入"海底沉船3"元件

15 单击该元件，同样在"属性"面板中设置"高级"选项参数，使其与海底色调相同，如图10-115所示。

16 新建"图层10"，在"库"面板中将"潜水员"元件拖入到舞台右侧。

17 双击该元件，进入元件编辑模式。选中第150帧，按F6键插入关键帧，将"潜水员"元件拖入到舞台左侧，并在两个关键帧之间创建传统补间，如图10-116所示。

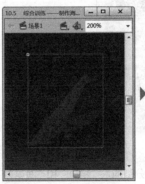

图10-115 设置"高级"参数

图10-116 制作传统补间动画

18 选中第2帧，插入关键帧，继续在"库"面板中将"鲨鱼"元件拖入到舞台右侧的相同位置，如图10-117所示。

19 双击该元件，进入元件编辑模式。选中第119帧，插入关键帧，将"鲨鱼"元件移动至舞台左侧。在两个关键帧之间创建传统补间，如图10-118所示。

图10-117 拖入"鲨鱼"元件

图10-118 制作传统补间动画

20 选中第3帧和第4帧，分别拖入"鳐鱼"和"海龟"元件，制作相同的传统补间动画，如图10-119和图10-120所示。

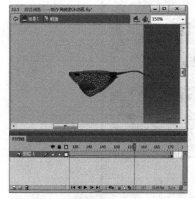

图10-119 "鳐鱼"传统补间动画

图10-120 "海龟"传统补间动画

21 新建"图层11"，使用"刷子工具"在舞台中绘制潜水员的倒影，并填充颜色，如图10-121所示。

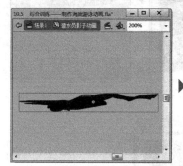

图10-121 绘制潜水员倒影

22 制作与"潜水员"元件相同的传统补间动画，并在"属性"面板中设置"Alpha"值为60%，倒影效果如图10-122所示。

图10-122 倒影效果

23 选中第2帧、第3帧、第4帧，分别插入关键帧。绘制其他图形的倒影，并制作相同的传统补间动画。

24 新建"图层12"，选中第2帧，插入关键帧，选中第4帧，插入帧。

25 在舞台的左下角绘制一个91×26的矩形，上部填充颜色为(#333333)，下部填充颜色为(#2B2B2B)。

将矩形转换为按钮元件，如图10-123所示，并双击该元件。

26 新建"图层2"，使用"文本工具"在矩形上面输入文本"＜上一个"，并插入按钮关键帧，如图10-124所示。

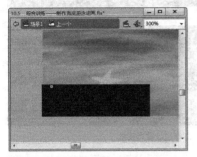

图10-123 矩形按钮元件

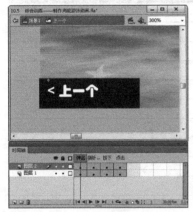

图10-124 插入按钮关键帧

27 返回"场景1"，新建"图层13"，继续在舞台右下角创建按钮元件，如图10-125所示。

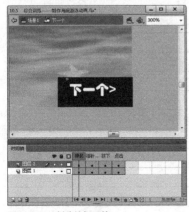

图10-125 创建按钮元件

28 新建一个"活动层"，执行"窗口"→"动作"命令，打开"动作"面板，添加代码"stop ();"，如图10-126所示。

图10-126 添加代码

29 完成该动画的制作，按 Ctrl+Enter 快捷键测试动画效果，如图10-127所示。

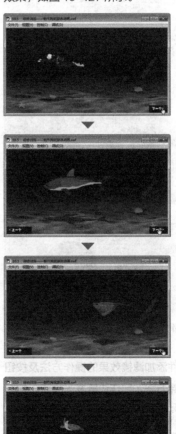

图10-127 测试动画效果

253

10.6 课后习题

◆**习题1:** 利用复制元件的操作方法、元件色彩效果的设置、传统补间动画的制作技巧、遮罩层的使用，以及按钮脚本的添加方法，制作放大变色按钮，如图10-128所示。

源文件路径	素材/第10章/10.6/习题1——制作放大变色按钮
视频路径	视频/第10章/10.6/习题1——制作放大变色按钮.mp4
难易程度	★★★

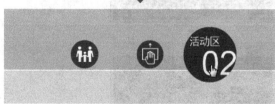

图10-128　习题1——制作放大变色按钮

◆**习题2:** 使用为元件添加滤镜效果的操作方法及按钮元件的创建方法，制作边缘发光按钮，如图10-129所示。

源文件路径	素材/第10章/10.6/习题2——制作边缘发光按钮
视频路径	视频/第10章/10.6/习题2——制作边缘发光按钮.mp4
难易程度	★★

图10-129　习题2——制作边缘发光按钮

心得笔记

本章视频时长
117 分钟

第 11 章

AS基础

ActionScript 3.0 是 Adobe 公司为适应新形势的需要，面向开发人员而推出的一种脚本语言，它可以在 Adobe Flash Player 和 Adobe AIR 等环境下编译运行。Flash 通过 ActionScript 脚本语言，在内容和应用程序中实现了交互、数据处理及其他多种功能。本章将向读者介绍 ActionScript 3.0 脚本语言的相关知识。

本章学习目标

■ 了解 ActionScript 3.0 脚本
■ 掌握变量代码的输入
■ 掌握数据类型的变量代码输入

本章重点内容

■ 熟悉运算符代码的输入
■ 熟悉流程控制代码的输入
■ 熟悉函数代码的输入

扫 码 看 课 件

扫 码 看 视 频

11.1 ActionScript 3.0脚本的概述

ActionScript 3.0的脚本编写功能超越了ActionScript的以往版本，方便用户创建拥有大型数据集和面向对象的可重用代码库的高度复杂的应用程序。

ActionScript 3.0包含了许多类似ActionScript 1.0和2.0的类和功能。但是ActionScript 3.0在构架和概念上与以往的ActionScript版本不同。ActionScript 3.0中的改进部分包括新增的核心语言功能，以及能够更好地控制低级对象的改进版Flash Player API。

ActionScript3.0使用新的虚拟机来运行，这个虚拟机被称为AVM2，而ActionScript以往版本的虚拟机则被称为AVM1。在新的AVM2中，采用了一些新的机制使得ActionScript3.0的效率比ActionScript的以往版本快了10倍。

下面列出ActionScript3.0的一些新特性：

- 引入显示列表概念。显示列表用于创建、管理显示对象的层次结构，任何的Flash应用程序实际上就是显示列表。显示列表采用新的深度机制来管理显示对象的层次，使显示对象的深度管理更加人性化。
- 使用新的事件模型。ActionScript3.0中的事件模型与第二版的用户界面组件有点类似，是采用观察者的角度设计模型的。ActionScript3.0新增了事件流、默认行为等功能，很多在ActionScript2.0中无法实现的功能，在ActionScript3.0中得以实现。
- 引入了E4X，使得操作XML更加方便、快速。在ActionScript的以往版本中，使用XML对象前，需要将其转换为数组或对象，而ActionScript3.0可直接操作XML对象。
- 支持正则表达式。正则表达式在查找和替换模式方面有很大优势，以往需要几十行代码实现的功能，使用正则表达式只需要几行。

11.2 变量

变量好似一个容器，它的具体名称取决于里面所装的东西。比如一个大缸里面装的是水就是水缸，装的是米就是米缸。在这里变量里面装的是数据，那么变量就是数据值。用户在编写语句来处理这些值时，往往是编写变量名来代替值，因为当计算机看到程序中的变量名时，就会查看自己的内存并在内存中找到相应的值。

11.2.1 定义变量

给变量定义也就是创建变量的意思，其形式为：

```
var 变量名
```

var是一个用来声明变量的关键字。其也是英文variable的前三个字母，该单词本身就是变量的意思。举个简单的例子，如果要定义名为container的变量：

```
var container;
```

于是就创建了一个变量，container为变量名。可以同时为多个变量定义：

```
//定义名为container1的变量
var container1;
//定义名为container2的变量
var container2;
//定义名为container3的变量
var container3;
```

还可以在一行代码中使用逗号","来定义多个变量：

```
//定义三个变量
varcontainer1,container2,container3;
```

不管哪种形式，结果都是一样的，只是后者更加简洁一些。

11.2.2 给变量赋值

前面说过，变量就好比一个容器，既然是一个容器总是要装点东西的，像这种"往容器里装东西"其实就是给变量赋值。在ActionScript3.0中，给变量赋值就是往变量里放入数据而已。其形式为：

```
变量名=数据
```

其中，"="是赋值运算符。"="运算符的执行是从右至左的，也就是说，把"="右边的数据赋值给左边的变量名。下面接着上面的例子，将100赋值给container：

```
container=100;
```

把完整的代码写下来：

```
var container;                    //变量
的定义
container=100;                    //变量
的赋值
```

代码中的"//"及后面的字符表示注释，用来说明代码的含义和方便他人查看。该注释不会影响代码的执行。

上面这种是最常用的编写模式，即为"变量名＝赋值"关系。此关系还有一种更简洁的编写方式：

```
var container=100;                //定义
变量后直接赋值
```

只需一行上面的代码即可完成变量的定义与赋值，赋值过程在程序设计中被称为变量的初始化。

11.2.3 输出变量值

变量名表示数据的访问形式，通过不同的变量名可以访问保存在变量中的不同数据。例如上面的 container1 访问的是第一个容器的数据，container2 访问的是第二个容器的数据。但是，如何才能将访问的数据输出来呢？

首先打开"动作"面板，定义三个变量并赋值，最后利用 trace() 函数显示变量值：

```
var              container1=10,container2=15.
container3=16;              //定义三个变量并赋值
trace(container1);
                           //输出10
trace(container2);
                           //输出15
trace(container3);
                           //输出16
```

按 Ctrl+Enter 组合键测试，在下面的"输出"面板中可以看到输出值，如图 11-1 所示。

图11-1　"输出"面板

可以看到，通过上述方式输出的只是变量值，如果有多个变量值时就分不清哪个变量值属于哪个变量了。因此，在输出变量值时，最好同时输出变量名。

输出变量名和变量值的形式如下：

```
trace("变量名="+变量名);
```

因此，上一个例子可以改为下面这种形式：

```
varcontainer1=10,container2=15,
container3=16;
     //定义三个变量并赋值
trace("container1="+container1);
     //输出container1=10
trace("container2="+container2);
     //输出container2=15
trace("container3="+container3);
     //输出container3=16
```

这样在"输出"面板中显示的信息就比较清楚，变量名与变量值就会相对应，如图 11-2 所示。

图11-2　"输出"面板

11.2.4 课堂范例——制作简约风时钟

源文件路径	素材/第11章/11.2.4课堂范例——制作简约风时钟
视频路径	视频/第11章/11.2.4课堂范例——制作简约风时钟.mp4
难易程度	★★★

01 启动 Flash CS6 软件，执行"文件"→"新建"命令，新建一个文档（宽 500 像素，高 500 像素），如图 11-3 所示。

02 执行"文件"→"导入"→"导入到舞台"命令，将素材"时钟盘 .png"导入到舞台。

03 执行"视图"→"标尺"命令，打开标尺，拖出横竖两条辅助线，移动至舞台中心位置让其垂直交叉，如图 11-4 所示。

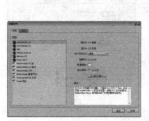 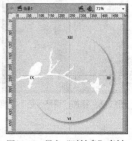

图11-3　"新建文档"对话框　　图11-4　导入"时钟盘"素材

257

04 新建"图层 2"，使用"矩形工具"在舞台中心位置绘制一个 18 像素 ×147 像素 的矩形，设置填充颜色为浅蓝色（# 91CDD5），如图 11-5 所示。

05 单击矩形图形，按 F8 键转换为元件，双击该元件，进入元件编辑模式。

06 新建"图层 2"，复制"图层 1"中的矩形元件到舞台，使用"任意变形工具"将矩形变形，如图 11-6 所示。

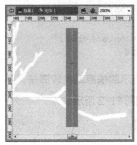
图11-5　绘制浅蓝色矩形

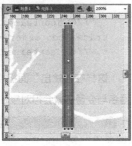
图11-6　变形矩形

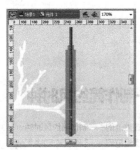
图11-7　调整矩形

07 新建"图层 3"，再次复制"图层 1"中的元件到舞台，将矩形变形并更改填充颜色（# FF0000），如图 11-7 所示。

08 按 F8 键，将该矩形转换为元件。单击该元件，在"属性"面板的"滤镜"选项区中单击"添加滤镜"按钮，选择"调整颜色"选项，设置参数，如图 11-8 所示。

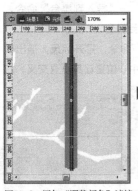

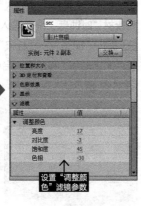
图11-8　添加"调整颜色"滤镜

09 新建"图层 4"，使用"椭圆工具"在矩形下方绘制一个红色圆形，如图 11-9 所示。

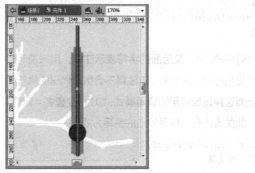
图11-9　绘制红色圆形

10 返回"场景 1"，新建图层，命名为"活动层"。选中第 1 帧，执行"窗口"→"动作"命令，打开"动作"面板，输入代码（代码段详见素材 / 第 11 章 /11.2.4 时钟代码 .txt 文件），如图 11-10 所示。

图11-10　输入代码

11 完成该动画的制作，按 Ctrl+Enter 快捷键测试动画效果，如图 11-11 所示。

图11-11　测试动画效果

11.3 数据类型

前面提到变量是保存数据的容器，可在变量中保存数字、字符串等数据，但是不同数据的保存方式是不一样的，因此，变量是有类型的，这种类型即成为数据类型。定义变量时，最好能声明变量的数据类型。

11.3.1 声明数据类型

正如衣柜是放衣服的容器，我们通常不会将买的蔬菜水果放进衣柜里去。数据存放也是有规则的，因此，不同的数据应该放到不同的变量中。

保存数字的变量类型是 Number 类型，保存字符串的变量类型是 String 类型，定义变量时声明数据类型的形式为：

```
var据类型:据类型
```

例如，要定义一个表示数字的 Number 类型变量，可用下面的方式：

```
var speed:Number;
```

下面代码定义了 String 类型的变量，用来表示字符串：

```
var myName:string;
```

当定义了变量的数据类型后，就应该把某类型的数据保存在相应的变量类型中：

```
speed=5;                    //保存数字
myName="Lsl";               //保存字符串
```

在时间轴编辑数据类型时，虽然可以把字符串保存到 Number 类型的变量中，但这并不是好的编程习惯。在学习 Flash 编程时，不同的数据类型的变量保存为对应的变量类型，这样不但可以提高程序的效率，而且可以为更深入地进行 Flash 编程打好基础。

ActionScriot 3.0 的数据类型可以分为简单数据类型和复杂数据类型两大类。复杂数据类型超出了本书的编写范围，所以这里只讲解简单数据类型。

ActionScript 3.0 的简单数据类型的变量可以是数字、字符串和布尔值等，如图 11-12 所示，这种变量只能保存一个简单的数据。

图11-12　简单数据类型

其中，int 类型、unit 类型和 Number 类型表示数字类型，String 类型表示字符串类型，Boolean 类型表示布尔值类型，布尔值只能是 true 或者 false。

11.3.2 包装类

每一种简单数据类型都与一个类相关联，类的名称就是数据类型的名称。例如 int 类型与 int 类相关联，这种类一般称为包装类。与其他传统编程语言不同，ActionScript3.0 中包装类对象并不是复杂数据类型，而是简单数据类型。如下面的两个代码：

```
var speed1:int=4;
var speed2:int=new int(4);
```

变量 speed1 与 speed2 都属于简单数据类型，但是在其他编程语言（如 Java）中，变量 speed1 属于简单数据类型，而 speed2 却是复杂数据类型。

如前面所述，数据类型是与类相关联的。Number 类型也与 Number 类相关联，在 Number 类中，有一个 toFixed() 方法，可以控制保留小数点的位数。可以向 toFixed() 传递一个数字参数，用来表示保留小数点的位数，如果没有参数输入，则取整数。

toFixed() 取小数点位数的规则是四舍五入。

```
var speed:Number=2.5647;    //定义变量并赋值
trace(speed.toFixed());     //取整数
trace(speed.toFixed(1));    //保留一位小数
trace(speed.toFixed(2));    //保留两位小数
```

将上述代码输入到 Flash CS6 的"动作"面板中，如图 11-13 所示，输出的结果如图 11-14 所示。

图11-13 输入代码

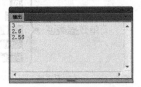

图11-14 "输出"面板

需要要注意的是，虽然 toFixed() 能按照保留小数点的位数取近似值名，但并没有改变变量的原始值，只是返回一个新的值，而且这个值是字符串。如下面的代码：

```
var speed:Number=2.5647;
trace(speed.toFixed());        //取整数
trace(speed);                  //查看原始值是否改变
```

同样将上述代码输入"动作"面板中，如图 11-15 所示，查看输出结果，如图 11-16 所示。

图11-15 输入代码

图11-16 "输出"面板

从输出结果可以看到，变量 speed 的值并没有改变，而且，3 是字符串，而变量 speed 是数字。

11.4 运算符

要想运用好编程语言必须要清楚地描述出如何进行数据运算，即运用好运算符。这些运算符主要用于数学运算，有时也用于值的比较。运算符本身是一种特殊的函数，运算对象就是它的参数，运算结果值就是它的返回值。而每一个表达式都是单个运算符函数的组合，因此，表达式可以看成一个组合的特殊函数，表示式的值也就是此函数的返回值。

11.4.1 算术运算符

算术运算符就像小学生学习的运算，也是 ActionScript 中最基础的运算符。各算术运算符的含义如下：

● ＋：将两个操作数相加。
● －：用于一元求反或减肥运算。
● －－：操作数递减。
● ＋＋：操作数递增。
● ／：操作数与操作数的比值。
● ％：求操作数 a 与操作数 b 的余数。
● ＊：两个操作数相乘。

11.4.2 逻辑运算符

逻辑运算符主要针对 Boolean 类型数据进行运算，它包括三个运算符：

● &&：逻辑与运算。
● ‖：逻辑或运算。
● ！：逻辑非运算。

当使用"&&"时，如果第一个表达式就返回 false，那么将不会执行第二个表达式。只有第一个表达式返回 true，才会执行第二个表达式。

当使用"‖"时，如果第一个表达式就返回 true，那么将不会执行第二个表达式。只有第一个表达式返回 false，才会执行第二个表达式。

11.4.3 按位运算符

在使用按位运算符时，必须先将数字转换为二进制，然后才能对二进制数字的数位进行运算。运算的时候并不是简单地根据算术运算或逻辑运算，而是根据二进制数字的位来操作的。各按位运算符的含义如下：

● &：按位与运算。
● ｜：按位或运算。
● ＜＜：按位左移动。
● ＞＞：按位右移动。
● ～：按位取反运算。
● ＞＞＞：无符号的按位右移动。
● ＾：按位异或。

11.4.4 赋值运算符

简单的赋值运算符就是等于"=",用于为声明的变量或常量指定一个值。

复合赋值运算符是一种组合运算符,原来是将其他类型的运算符与赋值运算符结合使用,但在 ActionScript 3.0 中有三种复合赋值运算符。

算术赋值运算符是算术运算符和赋值运算的组合,共有五种。各算术赋值运算符的含义及运算如下:

- += :加法赋值运算。a+=b 相当于 a=a+b。
- %= :求余赋值运算。a%=b 相当于 a=a%b。
- −= :减法赋值运算。a−=b 相当于 a=a−b。
- *= :乘法赋值运算。a*=b 相当于 a=a*b。
- /= :除法赋值运算。a/=b 相当于 a=a/b。

逻辑赋值运算符是逻辑运算符和赋值运算符的组合。各逻辑赋值运算符的含义及运算如下:

- &&=:逻辑与赋值运算符。a&&=b 相当于 a=a&&b。
- ||=:逻辑或赋值运算符 a||=b 相当于 a=a||b。

按位赋值运算符是按位运算符合赋值运算符的组合。

- &= :按位与赋值。a&=b 相当于 a=a&b。
- |= :按位或赋值。a|=b 相当于 a=a|b。
- ^= :按位异或赋值。a^=b 相当于 a=a^b。
- <<= :按位左移赋值。a<<=b 相当于 a=a<<b。
- >>= :按位右移赋值。a>>=b 相当于 a=a>>b。
- >>>= :按位无符号右移赋值。a>>>=b 相当于 a=a>>>b。

11.4.5 比较运算符

比较运算符主要是两个表达式进行比较。

- == :等于号。表示两个表达式相等。
- > :大于号。表示第1个表达式的值大于第2个表达式的值。
- >= :大于等于号。表示第1个表达式的值大于等于第2个表达式的值。
- != :不等号。表示两个表达式的值不相等。
- < :小于号。表示第1个表达式的值小于第2个表达式的值。
- <= :小于等于号。表示第1个表达式的值小于等于第2个表达式的值。
- === :绝对等于号。表示第1个表达式和第2个表示式的 Number、int、uint3 种数据类型执行数据转换。
- !== :绝对不等于号。意义与绝对等于号完全相反。

11.4.6 其他运算符

下面主要介绍上面没介绍的运算符。

- [] :该运算符用于初始化一个新数组或多维数组,或访问数组中的元素。
- , :运用多个表达式之间的连接,按照表达式排列的顺序进行运算。
- : :标识属性、方法或 XML 属性或特性的命名空间。
- {} :对一个或者多个参数执行分组运算,执行表达式的顺序计算,以及将一个或者多个参数传递给函数。
- : :用于指定数据的数据类型。
- . :访问类变量和方法,获取并设置对象属性及分隔导入的包或类。

11.4.7 课堂范例——制作百变花环动画

源文件路径	素材/第11章/11.4.7课堂范例——制作百变花环动画
视频路径	视频/第11章/11.4.7课堂范例——制作百变花环动画.mp4
难易程度	★★★

01 启动 Flash CS6 软件,执行"文件"→"新建"命令,新建一个文档(宽 400 像素,高 400 像素),如图 11-17 所示。

02 使用"椭圆工具"在舞台中心绘制一个椭圆,并填充红(#FF0000)、黄(#FFFF00)、蓝(#0000FF)、绿(#00FF33)的线性渐变。再在椭圆的中心绘制一个小椭圆,并按 Delete 键删除小椭圆,如图 11-18 所示。

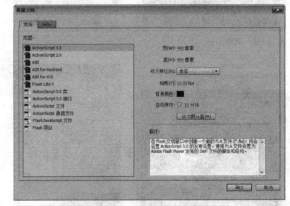

图11-17 "新建文档"对话框

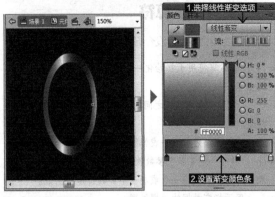

图11-18 绘制椭圆

03 选中椭圆图形，按 F8 键将图形转换为"影片剪辑"元件。双击该元件，进入元件编辑模式。

04 选中第 15 帧，按 F6 键插入关键帧。选取工具箱中的"选择工具"，将椭圆图形移动至舞台右下角，并更改填充颜色，如图 11-19 所示。

05 选中第 30 帧，插入关键帧，将椭圆图形移动至舞台右上角，更改填充颜色，如图 11-20 所示。

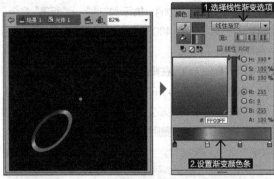

图11-19 调整图形

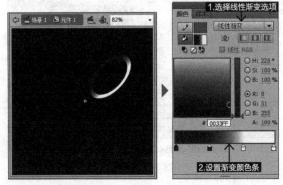

图11-20 调整图形

06 选中第 45 帧，插入关键帧，再次将椭圆图形移动至舞台中心位置，更改填充颜色，如图 11-21 所示。

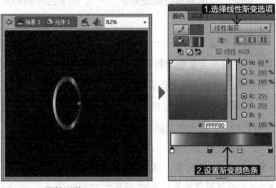

图11-21 调整图形

07 在每个关键帧之间单击鼠标右键，选择"创建补间形状"选项，制作补间形状动画。

08 返回"场景 1"，选中第 1 帧，执行"窗口"→"动作"命令，打开"动作"面板，输入代码（代码段详见素材 / 第 11 章 /11.4.7 花环代码 .txt 文件），如图 11-22 所示。

图11-22 输入代码

09 完成该动画的制作，按 Ctrl+Enter 快捷键测试动画效果，如图 11-23 所示。

图11-23 测试动画效果

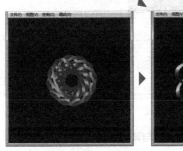

图11-23 测试动画效果（续）

11.5 函数

函数可以看成为了重复利用的代码块，就像类里面的方法一样。合理使用函数可以起到事半功倍的效果，提高编程的速度。

11.5.1 认识函数

ActionScript3.0 中的函数有比较大的变化，它删除了许多全局函数。例如，stop() 函数在 ActionScript2.0 中是一个全局函数，ActionScript3.0 则不再有这个全局函数，并且全局函数 stop() 的功能由 MovieClip 类的 stop() 方法来代替。

例如，同样适用"stop()"命令调用函数，Action Script2.0 把它当成全局函数进行处理，而 ActionScript3.0 把它当做实例方法来处理，即使用下面的代码：

```
this.stop();
```

this 是对包含当前帧的影片剪辑实例的引用。当影片剪辑实例中调用"stop()"方法时，可以省略 this。

所以，在 ActionScript3.0 中"stop()"和"this. stop()"这两种写法都是一样的。ActionScript3.0 的全局函数变少并不代表它的功能减弱，反而使其结构更加清晰，方便编程员记忆。

ActionScript3.0 中的全局函数主要有以下几类。

- trace() 函数
- int()、Number() 等类型转换函数
- isNaN() 函数

这些函数在 ActionScript3.0 中被称为顶级函数和全局函数，即可以在程序的任何位置调用。

从面向对象的编程角度来说，函数即方法，方法是在类中定义的函数。方法可以分为实例方法和类方法，在时间轴中自定义的函数都属于实例方法。

例如，如果在主时间轴上定义下面的函数：

```
function test()
{
}
```

函数 test() 就是实例 root 的方法，可以通过"实例名 . 方法名 ()"来调用函数：

```
root.test();
```

有因为 this 关键字指向当前实例，所以也可以这样调用：

```
this.test();
```

在实例的当前位置调用函数时，可以省略实例名，直接用函数：

```
test();
```

如果在实例的其他位置调用函数，实例名则不能省略。例如，在场景 root 中有一个名为"mc"的影片剪辑实例，要在影片剪辑实例内调用场景中的函数，就必须带上主场景的实例名或者主时间轴的引用。

```
var re:MovieClip=mc.parent;        //引用
主时间轴
re.test();
        //通过引用调用函数
```

上面的代码实际上就是通过"实例名 . 方法名 ()"的形式来调用函数。

ActionScript3.0 中的函数有全局函数、包函数及方法。方法又分为实例方法和类方法，其中，用户在主时间轴上自定义的函数属于实例方法。

11.5.2 定义和调用函数

在处理事件时，事件的接收者肯定是一个函数，在 setInterval() 函数中，间隔调用的也肯定是函数，这些函数的定义都用 function 关键字。前面并没有非常详细的介绍关于调用函数的知识，本节将深入讲解。

263

用 function 定义函数

就像 var 定义变量一样，定义函数要使用 function 关键字。

定义函数的一般形式为：

```
function函数名(参数列表): 数据类型
{
    //代码块
}
```

其中，函数名是用来说明函数的功能的，所以函数名的命名最好能"见名知意"。例如，getSpeed 表示获取速度，setSpeed 表示设置速度。

函数中的代码可以返回一些数据，这些数据可以是简单数据类型，也可以是复杂数据类型。数据类型表示函数返回的数据，当不需要返回数据时，数据类型应标示为 void，意思是没有返回值。例如，trace() 就没有返回值，而 toFixed() 函数就返回了一个字符串。所以，经常会看到这样的代码：

```
var num:Number=4.5689;
var s:String=num.toFixed(2);
```

代码的第二行的 toFixed() 函数进行了保留小数点的操作后，返回了一个字符串，通过"="运算符把这个字符串赋值给变量 s。而 trace() 函数就不能这样做，因为没有返回值。

用"（ ）"调用函数

调用函数的最常用形式为：

```
函数名(参数)
```

其中，"（ ）"代表调用函数的语法，可以向"（ ）"内传递参数。

下面的代码可以调用函数：

```
traceMsg();
function traceMsg():void
{
trace("this is function");
}
```

测试上面代码，可以看到"输出"面板中的信息，如图 11-24 所示。

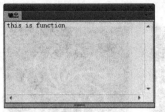

图11-24 输出结果

用 function 定义函数与调用函数的前后顺序无关，例如，下面的代码同样可以调用函数：

```
function traceMsg():void
{
trace("this is function");
}
traceMsg();
```

上述代码只是实现了简单的功能，每调用一次函数，其输出的信息也是一样的。这样的函数实际上没多大意义，函数的意义主要体现在代码的复用性上。

修改上述代码如下：

```
function traceMsg(msg:*):void
{
trace(msg);
}
```

此时的代码就有了一个参数，参数实际是变量，所以最好能声明参数的数据类型。由于函数体内的 trace() 函数可以输出任意数据类型的数据，所以参数的数据类型声明为"*"类型。

向上述代码传递数据：

```
function traceMsg(msg:*):void
{
trace(msg);
}
//输出"this is function"
traceMsg("this is function")
//输出"5"
traceMsg(5)
//输出"true"
traceMsg(true)
```

将上述代码输入到"动作"面板中，如图 11-25 所示，输出结果如图 11-26 所示。

图11-25　输入代码

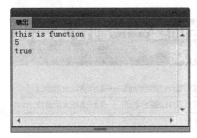

图11-26　输出结果

11.5.3 课堂范例——鼠标控制蝴蝶

源文件路径	素材/第11章/11.5.3课堂范例——鼠标控制蝴蝶
视频路径	视频/第11章/11.5.3课堂范例——鼠标控制蝴蝶.mp4
难易程度	★★★

01 启动 Flash CS6 软件，执行"文件"→"新建"命令，新建一个文档（宽 550 像素，高 400 像素），如图 11-27 所示。

02 执行"插入"→"新建元件"命令，打开"创建新元件"对话框，创建一个名为"蝴蝶动画"的"影片剪辑"元件。

03 在"库"面板中将"蝴蝶"元件拖入到舞台，如图 11-28 所示。

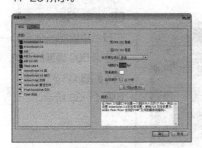

图11-27　"新建文档"对话框

图11-28　拖入"蝴蝶"元件

04 选中该元件并双击，进入元件编辑模式。此时，"蝴蝶"元件分离为单个元件，如图 11-29 所示。

05 在第 1~10 帧的每一帧都插入关键帧，并使用"任意变形工具"逐帧调整蝴蝶的翅膀图形，如图 11-30 和图 11-31 所示，完成蝴蝶逐帧动画。

图11-29　单个元件

图11-30　制作蝴蝶逐帧动画

图11-31　制作蝴蝶逐帧动画

06 返回"蝴蝶动画"元件，单击舞台中的"蝴蝶"元件，在"属性"面板的"色彩效果"选项区中设置"Alpha"值为 75%，舞台中的"蝴蝶"元件效果如图 11-32 所示。

07 选中第 2 帧，按 F6 键插入关键帧。单击舞台中的元件，执行"修改"→"变形"→"水平翻转"命令，翻转元件，如图 11-33 所示。

08 使用相同的方法在第 3、4 帧分别插入关键帧，翻转两次元件。

图11-32 "蝴蝶"元件效果　　图11-33 翻转元件

09 新建"图层 2"，执行"窗口"→"动作"命令，打开"动作"面板，输入代码"stop();"。

10 返回"场景 1"，单击舞台中的"蝴蝶"元件，在"属性"面板的"滤镜"选项区中添加"投影"滤镜，设置"投影"参数，如图 11-34 所示。

11 新建图层，再次打开"动作"面板，输入代码（代码段详见素材 / 第 11 章 /11.5.3 蝴蝶代码 .txt 文件），如图 11-35 所示。

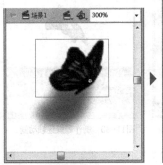

图11-34 添加"投影"滤镜

图11-35 输入代码

12 完成该动画的制作，按 Ctrl+Enter 快捷键测试动画效果，如图 11-36 所示。

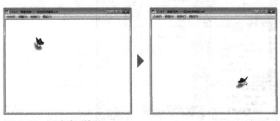

图11-36 测试动画效果

11.6 综合训练——制作贪吃火箭游戏

源文件路径	素材/第11章/11.6综合训练——制作贪吃火箭游戏
视 频 路 径	视频/第11章/11.6综合训练——制作贪吃火箭游戏.mp4
难易程度	★★★★

01 启动 Flash CS6 软件，执行"文件"→"新建"命令，新建一个文档（宽 500 像素，高 500 像素），如图 11-37 所示。

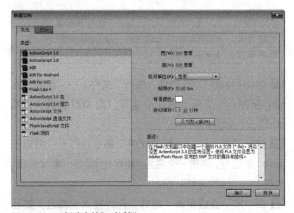

图11-37 "新建文档"对话框

02 使用"矩形工具"在舞台中绘制一个 500 像素 ×500 像素的深灰色（# 333333）矩形，如图 11-38 所示。

图11-38 绘制矩形

03 选中第 2 帧、第 3 帧，按 F6 键插入关键帧。绘制相同大小的矩形，更改填充颜色（＃1B1B1B）。

04 新建"图层 2"，选中第 2 帧，插入关键帧。执行"文件"→"导入"→"导入到舞台"命令，导入素材"星星.png"到舞台，将素材转换为元件，如图 11-39 所示。

05 双击该元件，进入元件编辑模式。选中第 300 帧，插入关键帧。将素材向下移动，在两个关键帧之间创建传统补间，如图 11-40 所示。

 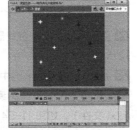

图11-39　导入"星星"素材　　　图11-40　创建传统补间

06 返回"场景 1"，新建"图层 3"，选中第 2 帧，插入关键帧。

07 使用"矩形工具"在舞台上方绘制一个草绿色（＃66CC00）的圆角矩形，如图 11-41 所示。

08 单击圆角矩形，按 F8 键，将圆角矩形转换为"按钮"元件。双击该元件，进入元件编辑模式。

09 插入按钮关键帧，新建"图层 2"，在圆角矩形的中心位置输入文本"开始"。选中"点击"帧，按 F5 键插入帧，如图 11-42 所示。

图11-41　绘制圆角矩形　　　图11-42　插入按钮关键帧

10 使用同样的操作方法，制作其他的按钮元件，如图 11-43 所示。

11 隐藏"图层 3"，新建"图层 4"，在第 2 帧插入关键帧。使用"文本工具"在舞台中输入游戏规则文本，如图 11-44 所示。

12 选中所有输入的文本段落，按 F8 键，将文本转换为元件，命名为"操作方法内容"。双击该元件，进入元件编辑模式。

图11-43　制作按钮元件　　　图11-44　输入文本

13 执行"文件"→"打开"命令，打开"游戏素材.fla"文档。复制游戏素材到舞台，并输入文本，如图 11-45 所示。

图11-45　添加素材

14 使用"钢笔工具"在舞台左下角绘制一个箭头图形，填充红色，并删除线框。继续输入"返回菜单"文本，如图 11-46 所示。

15 将该图形和文本转换为"按钮"元件，并插入按钮关键帧，如图 11-47 所示。

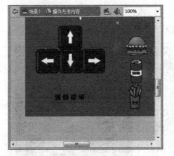

图11-46　绘制箭头图形

图11-47 插入按钮关键帧

16 隐藏"图层4",新建"图层5",继续输入文本,如图11-48所示。

17 再次新建一个图层,选中第3帧,按F6键插入关键帧,复制一层"星星"的"影片剪辑"元件。

18 新建"图层7",同样选中第3帧并插入关键帧。在"库"面板中将游戏素材等元件拖入到舞台上方,如图11-49所示,并创建传统补间动画。

图11-48 输入文本　　　　图11-49 添加游戏素材

19 继续拖入"地雷"元件,如图11-50所示。

20 新建图层,在第3帧插入关键帧。在"库"面板中将"火箭"元件拖入到舞台中心,如图11-51所示。

21 新建"图层10",在第1帧创建空白文本框。

22 在舞台底部绘制一个500像素×43像素的深蓝色（#000033）矩形。

23 在矩形中绘制图形并输入文本,制作游戏得分栏,如图11-52所示。

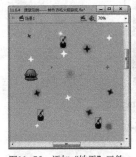

图11-50 添加"地雷"元件　　图11-51 添加"火箭"元件

图11-52 制作游戏得分栏

24 新建图层,制作游戏最后的得分页面,如图11-53所示。

25 新建"活动层",选中第1帧,打开"动作"面板,输入代码（代码段详见素材/第11章/11.6 游戏代码1.txt 文件）,如图11-54所示。

图11-53 制作得分页面

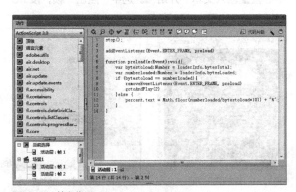

图11-54 输入代码1

26 选中第2帧、第3帧,分别插入关键帧。继续输入代码（代码段详见素材/第11章/11.6 游戏代码2.txt、11.6 游戏代码3.txt文件）,如图11-55和图11-56所示。

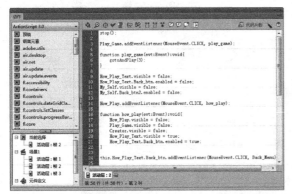

图11-55 输入代码2

图11-56 输入代码3

27 完成该动画的制作,按 Ctrl+Enter 快捷键测试游戏效果,如图 11-57 所示。

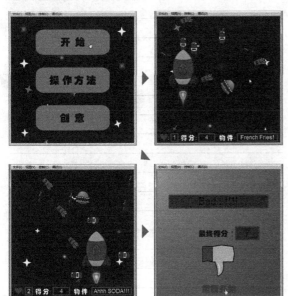

图11-57 测试游戏效果

图11-57 测试游戏效果(续)

11.7 课后习题

◆**习题1:** 使用函数代码,并运用遮罩层,制作仿真计算器,如图11-58所示。

源文件路径	素材/第11章/11.7习题1——制作仿真计算器
视频路径	视频/第11章/11.7习题1——制作仿真计算器.mp4
难易程度	★★★★

图11-58 习题1——制作仿真计算器

◆**习题2:** 利用本章所学的条件语句代码,以及直接复制元件的操作方法,制作多功能绘画板,如图11-59所示。

源文件路径	素材/第11章/11.7习题2——制作多功能绘画板
视频路径	视频/第11章/11.7习题2——制作多功能绘画板.mp4
难易程度	★★★★

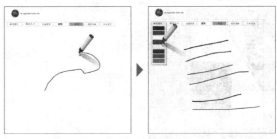

图11-59 习题2——制作多功能绘画板

图11-59　习题2——制作多功能绘画板（续）

◆**习题3：** 通过添加脚本代码完成交互设计，并使用实例
名称定义元件的操作方法制作控制显示区域，
如图11-60所示。

源文件路径	素材/第11章/11.7习题3——制作控制显示区域
视频路径	视频/第11章/11.7习题3——制作控制显示区域. mp4
难易程度	★★★★

图11-60　习题3——制作控制显示区域

本章视频时长
45 分钟

第 12 章

动画的测试、优化和发布

当动画制作完成后，用户可以将整个影片及影片中所使用的素材导出，使其能够在其他应用程序中再次使用，也可以将整个影片导出为单一的格式，如 Flash 影片、一系列位图图像、单一的帧或图像文件、不同格式的动态和静止图像等。另外，用户还可以将影片直接发布为其他格式的文件，如 GIF、HTML 和 EXE 格式等。

本章学习目标

■ 了解 Flash 动画的测试功能
■ 掌握优化影片的技巧

本章重点内容

■ 熟悉发布影片的操作方法
■ 熟悉导出 Flash 动画的操作方法

扫 码 看 课 件

扫 码 看 视 频

12.1 Flash动画的测试

测试功能主要用于进行 Flash 动画制作时对整体或某个场景的动画效果进行检查。这项功能方便我们早点发现制作时出现的不足和问题，以便尽早解决。

12.1.1 测试影片

测试影片是对动画整体制作效果的预览。执行"控制"→"测试影片"→"测试"命令（快捷键 Ctrl+Enter），如图 12-1 所示，即可打开测试影片窗口，如图 12-2 所示。

图12-1　执行"测试"命令

图12-2　测试影片

12.1.2 测试场景

测试场景是测试同一个场景中的所有动画效果或某些元件的动画效果。在今后，动画制作会越来越复杂，一个动画可能有多个场景，如果使用"测试影片"功能，一来影片太长，没有针对性，二来文件太大，会加长测试的时间。而使用"测试场景"功能可以解决这两个问题。

执行"控制"→"测试场景"命令（快捷键 Ctrl+Alt+

Enter），如图 12-3 所示，即可对场景进行测试，如图 12-4 所示。

图12-3　执行"测试场景"命令

图12-4　测试场景

12.1.3 课堂范例——制作闪光旋转环

源文件路径	素材/第12章/12.1.3课堂范例——制作闪光旋转环
视 频 路 径	视频/第12章/12.1.3课堂范例——制作闪光旋转环.mp4
难易程度	★★★

01 启动 Flash CS6 软件，执行"文件"→"新建"命令，新建一个文档（宽 190 像素，高 210 像素），如图 12-5 所示。

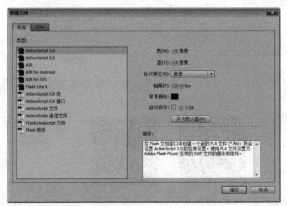

图12-5　"新建文档"对话框

02 执行"窗口"→"颜色"命令，打开"颜色"面板，设置填充颜色为彩色的线性渐变，如图12-6所示。

03 使用"刷子工具"在舞台中绘制一条直线，如图12-7所示。

图12-6 "颜色"面板

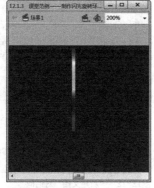

图12-7 绘制直线

04 按F8键，将直线转换为元件。双击该元件，进入元件编辑模式。

05 选中第10帧，按F6键插入关键帧。单击直线元件，在"属性"面板的"色彩效果"选项区中设置"色调"选项参数，将直线调整为黑色，如图12-8所示。

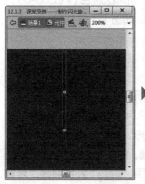

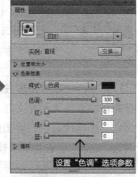

图12-8 设置"色调"选项参数

06 选中第20帧，插入关键帧，将直线色调再次调整为0。在每个关键帧之间创建传统补间，如图12-9所示。

07 返回"场景1"，选中第1帧，执行"窗口"→"动作"命令，打开"动作"面板，输入代码（代码段详见素材/第12章/12.1.3闪光旋转环代码.txt文件），如图12-10所示。

图12-9 创建传统补间

图12-10 输入代码

08 执行"控制"→"测试影片"→"测试"命令，测试动画效果，如图12-11所示。

图12-11 测试动画效果

12.2 优化影片

使用Flash制作的影片多用于网页，这就牵涉到浏览速度的问题。文档的大小会影响动画的下载速度和播放速度，要解决这些问题就得对影片进行优化，即在不影响观赏效果的前提下尽量减小影片的大小。在对影片进行发布、导出的过程中，Flash会自动进行一些优化，比如将重复使用的形状放在一起，之后就得需要用户对

273

影片进行优化了。

12.2.1 动画的优化

制作影片时可以用下面这些方法减小动画的大小;

- 尽量使用补间动画,减少使用逐帧动画。关键帧越多,文件越大。
- 将多次出现的动画元素和对象转换为元件。
- 避免使用位图制作动画,位图多用于制作背景和静态元素。
- 尽可能使用数据量小的音频格式,如 MP3、WAV 等。

12.2.2 文本的优化

优化文本可使用下列方法:

- 同一个影片中要尽量减少字体的使用,控制字号的大小。
- 尽量不要将文本打散。文本打散后会变成图形,比文本要大。
- "嵌入字体"选项中,只需选中需要的字符。

12.2.3 颜色的优化

优化颜色可使用下列方法:

- 尽量减少 Alpha 的使用。
- 尽量减少渐变效果的使用,单位区域内使用渐变色比使用纯色多 50 字节。
- 选择颜色时,尽量选择颜色样本给出的颜色。

12.2.4 脚本的优化

优化脚本可使用下列方法。

- 不得不使用脚本的时候,尽量使用本地变量。
- 将经常使用的脚本操作定义为函数。

12.2.5 课堂范例——制作简单鼓掌动画

源文件路径	素材/第12章/12.2.5课堂范例——制作简单鼓掌动画
视频路径	视频/第12章/12.2.5课堂范例——制作简单鼓掌动画.mp4
难易程度	★★★

01 启动 Flash CS6 软件,执行"文件"→"新建"命令,新建一个文档(宽 200 像素,高 200 像素),如图

12-12 所示。

02 执行"插入"→"新建元件"命令,打开"创建新元件"对话框,新建一个"影片剪辑"元件,命名为"鼓掌"。

图12-12 "新建文档"对话框

图12-13 绘制右手图形

03 选取工具箱中的"铅笔工具",设置笔触颜色为(#3A0000),在舞台中绘制一个右手形状的图形,使用"颜料桶工具"给图形填充肉色(#EEC5A5),如图 12-13 所示。

04 选中绘制的右手图形,按下 F8 键,将其转换为元件。在舞台中双击该元件,进入元件编辑模式。在元件编辑窗口中再次选中右手图形,将其转换为元件,并命名为"右手"。选中第 4 帧、第 5 帧,按 F6 键分别插入关键帧,将图形向下移动。

05 在第 1~4 帧之间创建传统补间,如图 12-14 所示。

图12-14 创建传统补间

06 新建"图层2"，使用同样的方法在舞台中绘制一个左手形状的图形，同样转换为元件，命名为"左手"，如图12-15所示。

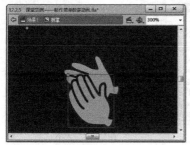

图12-15　绘制左手图形

07 选中第4帧、第5帧，按F6键插入关键帧。将图形向上移动，并在第1~4帧之间创建传统补间，如图12-16所示。

08 新建"图层3"，选中第5帧，插入关键帧。在舞台左上角绘制一个闪光图形，如图12-17所示。

图12-16　创建传统补间

图12-17　绘制闪光图形

09 完成该动画的制作，按Ctrl+Enter快捷键测试动画效果，如图12-18所示。

图12-18　测试动画效果

12.3 发布影片

为了Flash动画的推广与传播，还需要将制作的Flash动画文件进行发布。

12.3.1 发布设置

在发布动画之前，执行"文件"→"发布设置"命令，如图12-19所示，即可打开"发布设置"对话框，如图12-20所示。

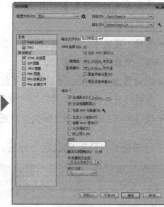

图12-19　执行"发布设置"命令　　图12-20　"发布设置"对话框

下面介绍"发布设置"对话框中各选项的作用。

● 目标：用于选择发布的Flash动画版本。

● 脚本：用于选择脚本，Flash CS6中支持AS1.0和AS2.0，这里提供了ActionScript 1.0和ActionScript 2.0两个选项。

● JPEG品质：用于将动画中的位图保存为一定压缩率的JPEG文件，拖动滑块可以调节压缩率。若动画中不包含位图，则此选项无效。
- 启用 JPEG 解块：选中此复选框后，可以使高度压缩的 JPEG 图像显得更加平滑。
- 音频流：在音频流的数据中单击鼠标，弹出"声音设置"对话框，如图 12-21 所示，在此对话框中可以设定导出音频的压缩格式、比特率和品质。
- 音频事件：与音频流一样，用来设定导出音频的压缩格式、比特率和品质。

图12-21　声音设置

- 导出设备声音：导出适合于移动设备等非原始库的声音。
- 压缩影片：可以减小文件大小和缩短下载时间。

- 包括隐藏图层：选中复选框之后，导出的动画中将包含隐藏图层中的动画。
- 包括 XMP 元数据：导出输入的所有元数据。
- 生成大小报告：创建一个文本文件，记录下最终导出动画文件的大小。
- 省略 trace 语句：使 Flash 忽略当前 SWF 文件中的 ActionScript 语句。
- 允许调试：允许对动画进行试调。
- 防止导入：用于防止发布的动画文件被他人下载到 Flash 中进行编辑。
- 密码：当选中"允许调试"或"防止导入"时，可在"密码"文本框中输入密码。
- 本地播放安全性：可以选择要使用的 Flash 安全模板，包括"只访问本地文件"和"访问网络"两个选项。
- 硬件加速：可以设置 SWF 文件使用硬件加速，默认为无。

单击"HTML 包装器"标签，即可进入该选项卡。

图12-22　声音设置

对其进行相应设置后，单击"发布"按钮，在其保存的文件夹中找到并打开，即可观察图像效果，如图 12-22 所示。

下面介绍"HTML 包装器"各选项的作用。
- 模板：可以显示 HTML 设置并选择要使用的模板，如图 12-23 所示。

- 大小：用于设置动画的宽度和高度值。在下拉列表中包括三个选项，如图 12-24 所示。

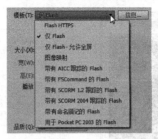

图12-23　模板

图12-24　大小

"大小"选项的三个选项的含义如下。
- 匹配影片：将发布的动画大小设置为动画的实际尺寸大小。
- 像素：用于设置影片的实际宽度和高度。
- 百分比：用于设置动画相对于浏览窗口的百分比。
- 开始时暂停：使动画一开始处于暂停状态，只用当用户单击"播放"按钮后动画才开始播放。
- 循环：选中该复选框，动画会反复的播放。
- 显示菜单：选中该复选框，用户单击鼠标右键弹出的快捷菜单中的命令有效。
- 设备字体：用反锯齿字体代替用户未安装的字体。
- 品质：用于设置动画品质。
- 窗口模式：用于设置安装有 Flash ActionX 的 IE 浏览器，可利用 IE 的透明显示、绝对定位及分层功能。

缩放和对齐选项栏如图 12-25 所示。

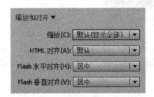

图12-25　"缩放和对齐"选项栏

- 缩放：在更改了文档的原始宽度和高度的情况下，将内容放置在指定边界内。
- HTML 对齐：用于设置动画窗口在浏览器窗口中的位置。
- Flash 水平对齐：用于定义动画在窗口中的水平位置。
- Flash 垂直对齐：用于定义动画在窗口中的垂直位置。

12.3.2 发布 Flash 动画

设置好动画格式后，就可以发布动画了。执行"文件"→"发布"命令（快捷键 Shift+Alt+F12），如图 12-26 所示，或者在"发布设置"对话框中单击"发布"按钮，如图 12-27 所示，即可发布动画。

图12-26 执行"发布" 图12-27 发布动画
命令

12.3.3 课堂范例——制作小球滚动动画

源文件路径	素材/第12章/12.3.3课堂范例——制作小球滚动动画
视 频 路 径	视频/第12章/12.3.3课堂范例——制作小球滚动动画.mp4
难 易 程 度	★★★

01 启动 Flash CS6 软件，执行"文件"→"新建"命令，新建一个文档（宽 550 像素，高 400 像素），帧频设置为 96fps，如图 12-28 所示。

02 执行"窗口"→"颜色"命令，打开"颜色"面板，设置填充颜色为由浅灰色（# 999999）到深灰色（# 333333）的径向渐变，如图 12-29 所示。

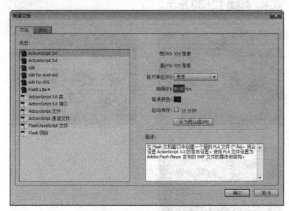

图12-28 "新建文档"对话框

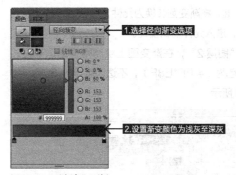

图12-29 "颜色"面板

03 使用"矩形工具"在舞台下方绘制一个 550 像素 × 300 像素的矩形，并选取工具箱中的"渐变变形工具"，单击矩形并调整渐变位置，如图 12-30 所示。

04 新建"图层 2"，使用"椭圆工具"在舞台中心偏上的位置绘制一个圆，同样填充灰色的径向渐变。

05 选取工具箱中的"选择工具"，选中圆的上半部分，按 Delete 键删除，舞台中的半圆效果如图 12-31 所示。

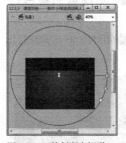 

图12-30 绘制渐变矩形 图12-31 半圆效果

06 新建"图层 3"，再次绘制一个小圆，填充颜色为从白色（# FFFFFF）到黑色（# 000000）的径向渐变，如图 12-32 所示。

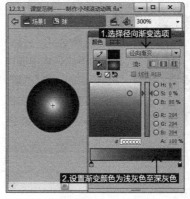

图12-32 绘制渐变小圆

07 按 F8 键，将渐变圆转换为元件，命名为"球"。双击该元件，进入元件编辑模式。

08 新建"图层 2"，在渐变圆上绘制两个扇形半圆，并填充颜色为（# FF1E8F），不透明度设为 50%，如图 12-33 所示。

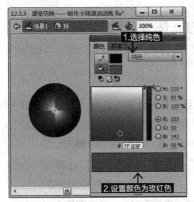

图12-33　绘制扇形半圆

09 继续绘制两个扇形半圆，更改填充颜色（# 000BE1），如图 12-34 所示。

10 返回"场景 1"，复制一个圆的元件，并将复制的元件缩小，如图 12-35 所示。

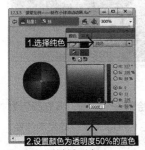

图12-34　绘制扇形半圆

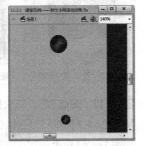

图12-35　复制元件

图12-36　"发布设置"对话框

11 执行"文件"→"发布设置"命令，在"目标"选项的下拉列表中选择"Flash Player 5"选项。该版本可以在元件实例上输入代码，如图 12-36 所示。

12 单击"确定"按钮，单击大圆的元件，打开"动作"面板，输入代码（代码段详见素材 / 第 12 章 /12.3.3 小球代码 1.txt 文件），如图 12-37 所示。

图12-37　输入代码1

13 继续单击复制的小圆元件，打开"动作"面板，继续添加代码（代码段详见素材 / 第 12 章 /12.3.3 小球代码 2.txt 文件），如图 12-38 所示。

图12-38　输入代码2

14 完成该动画的制作，按 Ctrl+Enter 快捷键测试动画效果，如图 12-39 所示。

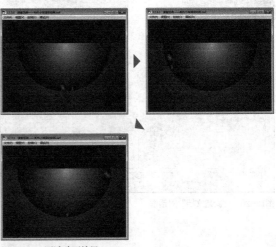

图12-39　测试动画效果

12.4 综合训练——制作火箭飞行GIF动图

源文件路径	素材/第12章/12.4综合训练——制作火箭飞行GIF动图
视 频 路 径	视频/第12章/12.4综合训练——制作火箭飞行GIF动图.mp4
难易程度	★★★

01 启动 Flash CS6 软件，执行"文件"→"新建"命令，新建一个文档（宽590像素，高300像素），如图 12-40 所示。

02 执行"插入"→"新建元件"命令，打开"创建新元件"对话框，新建一个"影片剪辑"元件，命名为"背景"。

03 使用"矩形工具"在舞台中绘制一个 250 像素 × 250 像素的矩形，填充颜色为（# CC6666）。按 F8 键，将矩形转换为元件，如图 12-41 所示。

图12-40 "新建文档"对话框

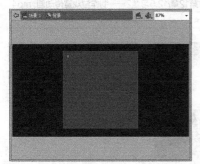

图12-41 绘制矩形

04 新建"图层2"，执行"文件"→"导入"→"导入到舞台"命令，将素材"圆点素材.png"导入到舞台，如图 12-42 所示。

05 选中第 79 帧，按 F6 键插入关键帧，将素材向左移动至合适位置，如图 12-43 所示。

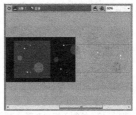 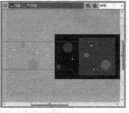

图12-42 导入"圆点素材"素材　图12-43 移动素材

06 选中第 80 帧，插入关键帧。将素材继续向左移动些许。在第 1~79 帧之间，单击鼠标右键，选择"创建传统补间"选项，如图 12-44 所示。

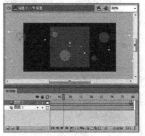

图12-44 创建传统补间

07 新建"图层 3"，隐藏"图层 1"和"图层 2"，使用"椭圆工具"在舞台中心位置绘制一个圆，填充与矩形相同的颜色，如图 12-45 所示。

08 选中"图层 3"，单击鼠标右键，选择"遮罩层"选项，创建圆形遮罩。在"时间轴"面板中单击"锁定或解除锁定所有图层" 按钮，锁定所有图层，舞台效果如图 12-46 所示。

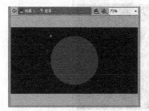 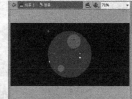

图12-45 绘制圆　　　　图12-46 遮罩效果

09 返回"场景 1"，新建"图层 2"，在"库"面板中将"火箭飞行"元件拖入到舞台中，如图 12-47 所示。

10 双击该元件，进入元件编辑模式。新建一个图层，使用"钢笔工具"绘制一个不规则图形，设置填充颜色为黑色，如图 12-48 所示。

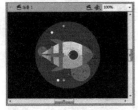

图12-47　添加"火箭飞行"素材　　图12-48　绘制不规则图形

11 将该图层移动至图层最底部，将图形转换为元件。在"属性"面板的"色彩效果"选项区中设置"高级"选项参数，如图12-49所示，制作火箭阴影。

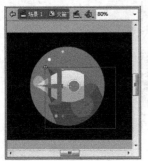

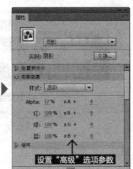

图12-49　制作火箭阴影

12 执行"文件"→"导出"→"导出影片"命令，在弹出的"导出影片"对话框中选择保存类型为"动画GIF"。

13 完成该动画的制作，按 Ctrl+Enter 快捷键测试动画效果，如图12-50所示。

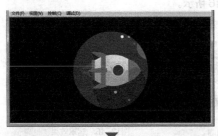

图12-50　测试动画效果

12.5　课后习题

◆**习题1：** 利用本章所学的测试影片的操作方法，并且结合引导层和传统补间的创建方法，以及遮罩动画的制作方法，制作女性网站片头，如图12-51所示。

源文件路径	素材/第12章/12.5习题1——制作女性网站片头
视频路径	视频/第12章/12.5习题1——制作女性网站片头.mp4
难易程度	★★★★

图12-51　习题1——制作女性网站片头

◆**习题2：** 利用传统补间的创建方法和淡入淡出动画的制作技巧，以及测试影片的操作方法，制作游戏宣传动画，如图12-52所示。

源文件路径	素材/第12章/12.5习题2——制作游戏宣传动画
视频路径	视频/第12章/12.5习题2——制作游戏宣传动画.mp4
难易程度	★★★

图12-52　习题2——制作游戏宣传动画

心得笔记